KATRIN SCHOLZ

Hallo, — ich rede mit dir!

Über Dominanzgesten, Führungsfragen und Fehlinterpretationen in der Mensch-Hund-Kommunikation

KOSMOS

☞ Inhalt

Bindung durch Verständnis: Eine innige Mensch-Hund-Beziehung entsteht, wenn beide Seiten die gleiche Sprache sprechen.

WAS ICH ZU BEGINN SAGEN MÖCHTE

Schon mit vier Jahren war mir klar, dass ich das machen werde, was ich heute mache. Als man mich als Kind fragte, was ich später einmal werden möchte, antwortete ich immer mit vor stolz geschwellter Brust: *„Ich lebe später mit ganz vielen Hunden zusammen!“* Meine Mutter warf dann schmunzelnd ein: *„Schatz, davon kann man aber nicht leben.“* Darauf gab ich wieder die gleiche Antwort:
„DAS WERDEN WIR NOCH SEHEN!“
Und ich habe recht behalten.

Nicht nur die Anzahl meiner Hunde ist seit über 25 Jahren im zweistelligen Bereich. Im Jahr 2000 gründete ich das K.S.I. Trainingszentrum in Grünberg/Hessen, eine Ausbildungseinrichtung rund um den Hund. Neben der täglichen Arbeit mit Mensch-Hund-Teams aus ganz Deutschland, Österreich und der Schweiz, bilde ich Hundetrainer:innen aus, gebe Seminare, Webinare und Fortbildungen für Trainer:innen. Die K.S.I. Ausbildung zum Therapie- und Begleithund ist deutschlandweit einzigartig. Zusätzlich bieten wir jährlich Tierschutzhunden und sogenannten „hoffnungslosen" Fällen ein Zuhause, resozialisieren und trainieren sie und finden im besten Fall einen wundervollen Endplatz.

Und jetzt sitze ich hier vor dem PC und schreibe mein erstes Buch. Ein Buch, zu dem mich Dorit Feddersen-Petersen animierte, nachdem sie uns besuchte und meine Hunde, mein Projekt und meine Feldstudien persönlich in Augenschein nahm.

K.S.I. KURZ ERKLÄRT

K.S.I. steht für „**K**ynologisch-**S**oziologische-**I**ntegration"

Als ich begann, mich intensiv mit Hundetraining zu beschäftigen, wollte ich mehr verstehen als nur die Grundlagen der Hundeerziehung. Meine intensiven Bemühungen, die Bedürfnisse von Hunden und Menschen so zu verbinden, dass ein harmonisches Miteinander entsteht, wurde dabei zum Grundstein des K.S.I.-Prinzips.
Unabdingbar führten mich diese Erkenntnisse zur **Kynologie**, der Wissenschaft des Hundes.
Soziologie (lat. *Socius* = Gefährte, Logie = die Lehre/Wissenschaft → Lehre des Gefährten), ein weiterer wichtiger Bestandteil, befasst sich mit dem sozialen Verhalten von Menschen, also den Voraussetzungen, Abläufen und Folgen des Zusammenlebens.

Die **Integration** verbindet diese Aspekte. Sie führt Kynologie und Soziologie zusammen und ermöglicht einen differenzierten Prozess des langfristigen Zusammenwachsens. Daraus entstand unser Konzept der „kynosozialen Erziehung".

K.S.I. ist mehr als eine Theorie – es ist ein praktischer Handlungsleitfaden. Es basiert auf wissenschaftlichen Erkenntnissen, intensiven Beobachtungen und jahrelanger praktischer Erfahrung. Es geht darum, Bedürfnisse nicht nur aus einer Perspektive zu betrachten. Sowohl Hund als auch Mensch finden Gehör. Durch einfache Sichtweise und strukturierte Handlungsempfehlungen werden Hund und Mensch auf einen Nenner gebracht. Dabei steht ein glückliches Miteinander im Mittelpunkt.

Dieser ganzheitliche Ansatz schafft die Basis für eine tiefe, verständnisvolle Beziehung zwischen Mensch und Hund – weit über die traditionelle Hundehaltung hinaus.

K.S.I.
©Katrin Scholz

BLITZLICHT IN MEIN LEBEN MIT HUNDEN

Wo wir gerade beim Thema „weit über die traditionelle Hundehaltung hinaus“ sind, möchte ich euch einmal kurz in das Leben mit meiner Hundegruppe mitnehmen. Ich stehe nicht früh morgens auf und mache mich fertig, um eine Runde mit meinen Hunden zu laufen und dann zur Arbeit zu fahren und mich um die „anderen“ Hunde zu kümmern.

Wir – die Hunde, meine Lebensgefährtin und ich – leben (und arbeiten) alle unter einem Dach. Unsere Hundegruppe besteht sowohl aus Pflegehunden, die zeitlich begrenzt bei uns untergebracht sind, aus Abgabehunden, die teils zur Vermittlung stehen, teils jedoch auch bis an ihr Lebensende bei uns bleiben, aber auch aus gut sozialisierten Hunden, die bei mir geboren und aufgewachsen sind. Ich sehe mich nicht einzig und allein als Tierschützerin oder Hundeforscherin; wie jede oder jeder von euch liebe ich Hunde und manchmal bekomme auch ich einfach „nur“ Herzchen in den Augen, wenn ich einen Hund treffe. Und geht es diesem Hund ähnlich, dann soll es so sein.

Ich leite sowohl die Hundeschule als auch unsere tierheimähnliche Einrichtung.
Wie ihr euch vielleicht schon denken könnt, stemme ich das alles nicht mit meiner Lebensgefährtin allein. Es gibt fest angestellte Trainerinnen und Personen für tierpflegerische Tätigkeiten, die ebenso wie ich mit viel Herzblut und Tierliebe bei der Sache sind. Ein normaler eight-to-five Job ist das sicher nicht, aber es sind ja hier auch keine 0-8-15-Hunde zu betreuen.
Morgens werden die Hunde aus dem Haus in die verschiedenen Ausläufe gebracht, damit der Innenraum im Haus gereinigt werden kann. Dann reibe ich mir den Schlaf aus den Augen und trinke meinen Kaffee, und schon geht es los, die Hunde in meinen Anhänger zu verladen, damit wir zum großen Spaziergang aufbrechen können. Im Anschluss geht es zum Zentrum, um andere Hundehalter:innen während der Einzeltrainings zu unterstützen. Am späten Abend – gegen 22:00 Uhr – werden alle Hunde zum Füttern ins Haus geholt, bei dem einen oder der anderen steht noch eine medizinische/medikamentöse Versorgung an – sie werden ja auch alle nicht jünger. Danach geht es für alle in den wohlverdienten Feierabend und zur Nachtruhe.

K.S.I.
www.hundeforscherin.de
Katrin Scholz
Handy 0171-1945331

»Jedes Problem, dem man sich stellt, birgt die Chance auf eine außergewöhnlich tiefe Beziehung.«

ALLES BEGANN MIT ... DRAGO

Der Hund, mit dem letztlich mein Wunsch nach „mehr als nur ein wenig Hundetraining" geboren wurde, war Drago – ein schwarzer Hovawart-Rüde, ein wundervoller und wirklich toller Kerl. Er war, wie auch später Biko, einer meiner Seelenhunde. Damals war ich gerade volljährig geworden und stand mit diesem imposanten schwarzen Rüden vor einer großen Herausforderung: Drago entwickelte eine massive Leinenaggression gegenüber anderen Rüden. Es war schrecklich. Er war schwer, groß und für mich kaum kontrollierbar. Er pöbelte jeden Hund aggressiv an und bereitete mir erhebliche Probleme. Zu jener Zeit – etwa 1996/1997 – existierten praktisch ausschließlich klassische Hundeplätze und Hundesportvereine. Die Ratschläge, die ich dort erhielt, entsprachen nicht meinen Vorstellungen davon, wie ich das Verhalten meines Hundes verbessern wollte.

Drago, ein Hund, der mich viel gelehrt hat.

Die Situation eskalierte, so dass ich schließlich nur noch allein mit ihm spazieren ging, da er sich regelmäßig mit anderen Hunden raufte.

Als einsame Spaziergängerin auf weiter Flur wollte ich mich mit dieser Situation nicht abfinden und suchte verzweifelt nach jemandem, der professionell mit Hunden arbeitete und Mensch-Hund-Teams trainierte. Allerdings gab es den Beruf der Hundetrainer:innen damals praktisch noch nicht. Schließlich entschloss ich mich, Erik Zimen im Bayerischen Wald aufzusuchen. Hier sammelte ich viele Erfahungen und unternahm meine ersten Schritte in Richtung „Verständnis für die Kommunikation von Hunden".

Mit Drago arbeitete ich intensiv weiter, machte meine eigenen Erfahrungen an verschiedenen Stellen, las viel Fachliteratur und holte mir überall kleine Tipps. Letztendlich schafften wir es tatsächlich, sein Verhalten grundlegend zu verbessern. Diese Erfahrung war besonders wertvoll, denn wenn man mit einem Hund so viele Höhen und Tiefen durchlebt, so viele Probleme bewältigt und so oft verzweifelt ist, entsteht eine ganz andere Beziehung, als wenn von Anfang an alles glatt verläuft.

Diese Einsicht ist für mich bis heute wichtig, und ich sehe darin eine Chance für all meine Kund:innen, die mit schwierigen Hunden zu mir kommen. Wenn man diese herausfordernde Zeit durchsteht, wird es danach meist wunderschön, weil man auf eine einzigartige Weise zusammenwächst. Diese besondere Bindung hatte ich mit Drago und später auch mit Biko, denn auch er war auf eine besondere Art einzigartig.

In der gemeinsamen Zeit mit Daiquiri spielen Fachbegriffe keine Rolle.

AUS DER PRAXIS FÜR DIE PRAXIS

In meinen Seminaren wie auch in diesem Buch ist es mir besonders wichtig, den Menschen und ihren Hunden praktisches Wissen mitzugeben, so dass sie sofort in der Lage sind, die Beziehung zu ihren Tieren in einem anderen Licht zu betrachten und zu verändern.

Daher war es für mich eine besondere Herausforderung, in einem Buch zu verpacken, was ich täglich lehre und mit meinen Hunden (er)lebe – und zwar so, dass es für alle nachvollziehbar und anwendbar ist.

Alles, was in diesem Buch zu finden ist, ist von mir selbst in der Praxis mit meinen Hunden langjährig erprobt und so aufbereitet worden, dass es von vielen Menschen angewendet werden kann.

Kurz gesagt, ist dieses Buch aus der Praxis für die Praxis geschrieben. Ich nehme so gut es geht Abstand von unnötigen Fachbegriffen und versuche mich so auszudrücken, dass es auch ohne Vorkenntnisse verstanden werden kann. Doch bevor es richtig losgeht, befassen wir uns kurz mit den wenigen notwendigen Begrifflichkeiten und Zusammenhängen, die für das weitere Verständnis notwendig sind.

EINE NEUE PERSPEKTIVE
— *der Hundekommunikation*

DIE SACHE MIT DER DOMINANZ

Nimmt man sich die Zeit, einfach mal seine Hunde zu beobachten, wie sie untereinander in Kontakt treten und kommunizieren, sieht man schnell: Hunde sind Meister der körpersprachlichen Kommunikation.
Sie kommunizieren, auch wenn es durchaus weitere wichtige Kommunikationsarten gibt (olfaktorische, akustische, taktile, etc.), maßgeblich über den Einsatz der Körpersprache. Paul Watzlawick sagte bereits: *„Man kann nicht nicht kommunizieren."* Jedes körpersprachliche Signal hat anscheinend einen Bedeutungsinhalt und ist somit nicht zufällig gewählt. So auch meine Beobachtungen an meinen Hunden.
Im Laufe der Jahre, umgeben von meinen Hunden, beobachtete ich immer wieder ähnliche Verhaltensweisen und Gesten unter ihnen, die in der Hundewelt als sogenannte Dominanzgesten bezeichnet wurden. Im Zusammenhang mit Dominanzgesten hieß es ständig: *„Das ist übel, der ist dominant."* Es hieß, dass Hunde, die viele solcher Gesten zeigen, besonders willensstarke, kompromisslose, ranghohe Charaktere wären. Doch irgendwann keimten Zweifel in mir auf, denn diese Hunde zeigten sich nicht in jeder Situation dominant. Ich fragte mich: *„Was haben die körpersprachlichen Gesten wirklich mit Dominanz zu tun?"*
Diese Frage war der Anstoß für meine ganz persönliche „Feldstudie". Ich wollte herausfinden, welche Hunde tatsächlich dominant sind und was Dominanzgesten damit zu tun haben und aussagen. Das Ergebnis überraschte mich: die wirklich durchsetzungsstarken, souveränen Hunde zeigten sogar weniger solcher Gesten.

Basset-Hündin Beatrix chillt auf der Wiese.

Auch kleine Hunde haben viel zu sagen: Größe ist kein Indikator für Kommunikationskompetenz.

Diese Erkenntnis ließ mich aufhorchen und machte deutlich, dass unsere bisherige Sichtweise möglicherweise nicht vollständig war. In den folgenden Jahren vertiefte ich mich intensiv in die Hundekommunikation. Ich beobachtete und dokumentierte typische Gesten – sowohl in der Hund-Hund-Kommunikation, als auch zwischen Mensch und Hund. Dabei stellte ich fest, dass Hunde mit anderen Hunden fast genauso kommunizieren, wie mit uns Menschen. Je mehr ich beobachtete und überprüfte, desto bewusster wurde mir:

Victor (70 kg) und Bubbles (3,5 kg).

Es geht um viel mehr als nur darum, wer „der Boss" ist. Es geht darum, wie Beziehungen funktionieren – manchmal nur für den Moment, manchmal für das große Ganze.

Eine wichtige Erkenntnis war, dass diese Dominanzgesten nichts damit zu tun haben, ob ein Hund besonders selbstbewusst, willensstark oder souverän ist. **Stattdessen geht es um die Beziehung zwischen zwei Individuen in einer bestimmten Situation.** Gerade ein unsicherer Hund zeigt vermehrt solche Gesten, weil er etwas ganz anderes klären möchte. Es ist also nicht so einfach wie *„Der Hund ist dominant, Punkt."* Vielmehr geht es darum, wie zwei Individuen – ob Mensch-Hund oder Hund-Hund – ihre Beziehung zueinander klären. Dominanzgesten sind jedoch nur ein Teil der vielfältigen Hundesprache. Hunde haben noch so viel mehr zu sagen. Sie verfügen über eine „Sprache der Liebe", eine „Sprache des Stresses" und vieles mehr. In diesem Buch gehe ich jedoch einmal ganz gezielt auf die Dominanzgesten ein.

Man kann nie genug kuscheln. Qualitytime mit jedem einzelnen, ist auch bei vielen Hunden wichtig.

„Hallo – ich rede mit dir!" war aus diesem Grund der perfekte Titel für mein Buch. Denn Hunde kommunizieren intensiver mit uns Menschen, als es uns häufig klar ist. Diese Art der Kommunikation zu erlernen, sollte unser größtes Anliegen sein! Um eine innige Verbindung zum Hund zu erreichen, ist das Verstehen der hündischen Kommunikationsbausteine unumgänglich.
Sehr häufig habe ich in meiner Arbeit als Hundetrainerin Kundenhunde in meinen Gedanken genau diesen Satz *„Hallo – ich rede mit dir!"* sagen hören. Häufig ohne Antwort.

Der erste Schritt, um fair und respektvoll mit Hunden umzugehen, ist, sie besser zu verstehen, ihre Sprache zu erlernen und auf einer Ebene mit ihnen zu kommunizieren.

In diesem Buch will ich euch an den Erkenntnissen teilhaben lassen, die ich in über 25 Jahren intensiven Lebens mit Hunden gesammelt habe. Sie ermöglichen mir, mit so vielen Hunden zu leben und eine innige Beziehung zu jedem einzelnen zu genießen. Es soll dabei helfen, einen neuen Blick auf die faszinierende Sprache unserer vierbeinigen Freunde zu werfen und ein tieferes Verständnis für ihre Kommunikation zu entwickeln.

Schäferhündin Sambuca ist völlig entspannt.

DOMINANZ: EIN MISSVERSTANDENER BEGRIFF

Bei meiner Arbeit mit Hunden und ihren Menschen stoße ich immer wieder auf Missverständnisse rund um den Begriff „Dominanz". Um dieses Missverständnis aufzuklären, ist es wichtig, „Dominanz" wertfrei in verschiedenen Kontexten zu betrachten.

DEFINITION „DOMINANZ"

Im Netz habe ich viele Definitionen für „Dominanz" gefunden. Eine, die ich besonders spannend fand, lautet sinngemäß: **„Dominanz bedeutet, dass jemand durch die Anwendung bestimmter Methoden, die Kontrolle über ein anderes Individuum oder eine Situation erlangen kann, soweit das Gegenüber die Kontrolle freiwillig abgibt."**

Diese Definition kann man hervorragend weiterspielen. Genau genommen ist sie der Grund dieses Buches, denn unser Ziel sollte immer sein, so souverän zu agieren, dass der Hund nicht das Gefühl hat, von uns „kleingemacht" zu werden. Im Gegenteil, er erlangt dadurch mehr Selbstbewusstsein, da er in uns ein starkes Gegenüber sieht, dem er vertraut und dem er gern auch in spannenden Situationen folgt.

In der Biologie ist Dominanz ein feststehender Begriff, mit einer klaren Definition. Biologisch gesehen bedeutet „dominant" schlicht „erhaben über etwas". Dieser Begriff bezieht sich jedoch immer auf die Beziehung oder das Verhältnis zwischen zwei bestimmten Individuen. Es gibt kein Individuum, das generell dominant ist! Die Bewertung der „Dominanz" kann immer nur im Kontext mit einem zweiten Individuum bewertet werden. Ein Hund kann somit nur in der Beziehung zu seinem jeweiligen Gegenüber

Was sie wohl im Fokus haben? Den wachsamen Augen dieser Hundegruppe entgeht nichts.

»Eine zugewandte Führung des Hundes schafft Vertrauen und Sicherheit.«

entweder der dominante Part sein, der Entscheidungen trifft, oder der Part, der sich seinem Gegenüber anschließt und dessen Entscheidungen akzeptiert. Diese Position wird in Verbindung zu jedem einzelnen Individuum neu geprüft und kann somit auch blitzschnell wechseln, je nachdem, wen der Hund im Fokus hat.

In meiner Hundegruppe habe ich schon oft erlebt, dass ein Rüde souverän und sehr überzeugend einen Jungspund zurechtweist. Der Rüde ist somit dominant gegenüber dem Jungspund. Doch in dem Moment, in dem Vidocq (der Chef meiner Hundegruppe) den Raum betritt, sieht genau dieser Rüde ebenso devot aus, wie der von ihm gerade zurechtgewiesene Jungspund. Dieser Rüde legt genau in diesem Moment seinen Fokus auf Vidocq und ist jetzt nicht mehr der dominante Part in dieser neuen Konstellation.

Zwischen Arbeit und Training muss auch immer Zeit zum Herumalbern bleiben.

Du kannst Führungsgesten jederzeit einleiten, ohne dass deine Position infrage gestellt wird.

DOMINANZGESTEN ZUR DISKUSSION GESTELLT

Spreche ich in meinem Training Dominanzgesten an, höre ich oft: *„Nein, mein Hund ist nicht dominant, das brauche ich nicht."* Diese Reaktion zeigt, wie sehr das Konzept der Dominanz immer noch missverstanden wird. Uns Hundetrainer:innen stellt das vor eine große Herausforderung. Wir müssen viel Überzeugungsarbeit leisten, damit unsere Kund:innen bei diesem Thema nicht direkt abblocken und zumachen.

Es gibt sogar Trainingskonzepte, die sich bewusst von diesem Thema distanzieren und behaupten, Dominanzgesten gäbe es überhaupt nicht. Doch das ist in etwa so, als würde ich in ein Land fahren, dessen Sprache ich nicht verstehe, und erwarten, dass mein Gegenüber meine Sprache spricht Wie dankbar wäre ich in dieser Situation über einen Stadtführer oder eine Stadtführerin, der/die mich begleitet und mir die Gepflogenheiten und die Kultur des Landes nahebringt? Wir kämen in dieser Situation doch sicher nie auf die Idee, diese große Unterstützung als eine Unterdrückung zu empfinden, richtig? Genauso geht es auch unseren Hunden.

Durch das einseitige Gespräch fehlt dem Hund ein Individuum, das mit ihm kommuniziert, Antworten gibt und keine Fragen offen lässt. Ich habe festgestellt, dass es eine große Bereicherung ist, weil ich durch diese Gesten zur echten Kommunikation, fast schon zu einem Gespräch mit meinen Hunden, fähig bin.

Betrachten wir also die gesamten Kommunikationsmöglichkeiten und verstehen diese, muss unser Hund sich nicht verantwortlich fühlen. Er kann sich fallenlassen, seinem Menschen vertrauen und somit Führung und Kontrolle abgeben. Wie viel einfacher macht das das Leben für einen Hund.

Apache, unser Spassvogel, in seinem Element.

SOUVERÄN DURCHS LEBEN GEHEN

Die Sache mit der Dominanz. Früher wurde das Wort dominant immer mit gewaltbereit und etwas sehr Unangenehmem in Verbindung gebracht. Ich kann mich auch noch daran erinnern, dass ein Hund, der sich gern mit anderen Hunden anlegte oder Auseinandersetzungen hatte, als dominant bezeichnet wurde. Im Laufe der Zeit wurde mir klar, dass das alles so nicht stimmt. Hunde, die sich so verhielten, waren nicht souverän. Ihr Verhalten resultierte aus Unwissenheit. Sie wissen schlicht nicht, was es heißt, selbstsicher zu sein und in sich zu ruhen.

BIKO, EIN HUND, DER IN SICH RUHTE

Die Krönung, wenn es um das Thema Dominanz geht, war mein Seelenhund Biko. Er war ein Deutscher Schäferhund und der souveränste Hund, dem ich je begegnet bin. Er hatte überhaupt kein Interesse daran, sich mit anderen Hunden auseinanderzusetzen, geschweige denn, sich mit ihnen zu

Egal wie souverän Biko war, albern sein konnte er fast besser.

Liebevoll und konsequent – das konnte man ihm ansehen.

streiten. Er ruhte in sich, hatte keinerlei Probleme mit Außenreizen und wir waren uns einig, dass er der ganzen Welt nicht beweisen musste, dass er etwas Besonderes war.

Eine Geschichte von Biko wird mir ein Leben lang im Gedächtnis bleiben. Wir fuhren zum Training, eine Dame hatte sich mit ihrem Boxer angemeldet. Dieser Boxer war unverträglich mit anderen Rüden. Als wir den eingezäunten Hundeplatz betraten, war die Frau mit ihrem Hund bereits dort. Ihr Hund lief frei herum, was für mich am Eingang nicht zu sehen war. Ich betrat den Platz und ließ meinen Schäferhund ebenfalls laufen. Sofort kam der Boxer hoch energetisch auf Biko zugerannt und verbiss sich in seinen Nacken. Er schüttelte am Nacken, doch mein Hund stand wie ein Baum und knurrte nur ganz leise, nahezu unmerklich. Irgendwann war der Boxer zunehmend verunsichert, da sich Biko in keinster Weise auf diese Auseinandersetzung einließ und keine Antwort kam. Der Boxer ließ vom Schäferhund ab und stand verdutzt da. Biko benötigte nicht lange, um die Situation zu erfassen, hob das Bein und pinkelte den Boxer an. Daraufhin ging er ganz entspannt weg. Der Boxer guckte so perplex, wie ich es noch nie zuvor bei einem Hund gesehen habe, und trottete in eine andere Richtung davon. Seit dieser Begegnung gab es keinen Konflikt mehr zwischen den beiden Rüden. Biko hatte es geschafft, diesen Hund nachhaltig zu beeindrucken, ohne ihm auch nur ein Haar zu krümmen.

Das soll natürlich nicht bedeuten, dass du deinen Hund anpinkeln sollst! Aber wir können lernen, dass in der Hundewelt durch eindeutige Gesten, die häufig sehr subtil gezeigt werden, Akzeptanz entstehen kann.

BEZIEHUNG KLÄREN UND BINDUNG AUFBAUEN

Ein oft übersehener, aber entscheidender Aspekt der Dominanzgesten ist ihre Rolle in der Beziehung und Bindung zwischen Mensch und Hund. Diese Gesten dienen in erster Linie dazu, die Beziehung zu klären und einen Bindungsaufbau zu ermöglichen. Wenn in der Beziehung jeder weiß, was er zu tun hat und wo er steht, bestenfalls seine Aufgaben kennt und weiß, was er anderen überlässt, wird ein tieferer Bindungsaufbau erst möglich.

Bindung, ein Konzept, das ursprünglich aus der Mutter-Kind-Beziehung stammt, lässt sich auch auf die Beziehung zwischen Mensch und Hund übertragen. Im Kern ist eine Bindung davon geprägt, dass ein Individuum Halt gibt und ein anderes Individuum Halt erwartet. Für eine gute Bindung zum Hund muss also geklärt sein: **Wer gibt und wer erwartet wann Halt?** Sind zwei Individuen eng miteinander verbunden, ist das eine dynamische Frage, die immer wieder neu beantwortet werden kann und auch muss. So ist Vidocq zwar der Leitrüde/Chef meiner Meute, da er die Gruppe durch die meisten Situationen führt, jedoch ist er völlig desinteressiert an Futter. Er hat somit kein Problem, wenn ein rangniedrigerer Hund sich ihm anbiedert, um ihm sein Futter wegzunehmen. Gelegentlich nutzt er allerdings diese Ressource, um anderen Hunden gegenüber seinen Status zu präsentieren, indem er auf sein Futter besteht. Entscheidend und bindungsfördernd ist demnach, dass beiden Seiten durch eindeutige Kommunikation bewusst ist, wer wann und wo die Führung übernimmt. Somit werden Sicherheit und Vertrauen geschaffen.

Da traut sich keiner ran! Vidocq kommuniziert klar, dass Teilen in diesem Moment für ihn nicht infrage kommt.

Jeder Hund ist anders. Individualität muss gesehen und gefördert werden.

Das bedeutet jedoch nicht, dass immer dasselbe Individuum Halt geben muss. Diese Rollen können situationsabhängig wechseln. Also muss der Mensch nicht immer derjenige sein, der Sicherheit bietet. Es zerstört auch nicht die Bindung, wenn man seinem Hund in bestimmten Situationen die Führung überlässt. Man sagt ihm damit lediglich, dass man ihm vertraut, das Richtige in dieser Situation zu tun. Man muss sich aber darüber im Klaren sein, dass man dann auch mit in unseren Augen falschen Entscheidungen des Hundes klarkommen muss. Ist ein Hund sicher und souverän, kann er durchaus auch Sicherheit bieten und führen. Allerdings ist es in unserer komplexen menschlichen Gesellschaft oft sinnvoller, dass der Mensch die führende Rolle übernimmt, da der Hund die Regeln und Anforderungen unserer Welt nicht vollständig verstehen kann. Genau dort knüpfen die Dominanzgesten an, sie dienen dazu, das „Punktekonto" zu erhöhen und so eine gute und stabile Bindung herzustellen (S. 97 ff.).

Zusammenfassend kann ich sagen, dass Dominanzgesten ein wesentliches Werkzeug sind, um eine starke, vertrauensvolle Bindung zwischen Mensch und Hund aufzubauen. Auf diese Weise helfen sie dabei zu klären, wer wann und wo Halt gibt. Sie helfen, klare Kommunikationslinien zu etablieren und eine Beziehung zu schaffen, in der beide Partner – Mensch und Hund – sich sicher und verstanden fühlen.

Du musst nicht den ganzen Tag jede Verhaltensweise deines Hundes besorgt als Dominanzgeste werten oder interpretieren; funktioniert aus deiner Sicht eure Beziehung für beide Seiten harmonisch, dann genießt das einfach. Hast du jedoch den Eindruck, dass dein Hund dich regelmäßig infrage stellt, sehr unsicher durch diese Welt geht und du nicht genau weißt, wie du ihn unterstützen kannst, dann kann dir ein klarer Umgang mit den Führungsgesten gut dabei helfen.

SPRECHEN WIR VON FÜHRUNG

Grundsätzlich beschreibt Dominanz die Beziehung zweier Individuen zueinander und folgerichtig wird unter Hunden mittels Dominanzgesten kommuniziert. Lange Zeit verwendete ich bewusst den Begriff

Denn der Alltag mit einer vielfältigen Hundegruppe erfordert Verständnis für jeden einzelnen.

„Dominanzgesten“, da es ein feststehender Begriff ist und in meiner Welt war die Verwendung rein sachlicher Natur. Mittlerweile ist mir klar geworden, dass er oft zu Missverständnissen führt. Viele Menschen setzen Dominanz gleich mit „einer stellt sich über den anderen und drückt ihm seinen Willen auf“. Deshalb verwenden wir ab jetzt den Begriff „Führungsgesten“, denn genau darum geht es: Mein Gegenüber und dessen Bedürfnis nach Struktur und Halt zu verstehen und diesem auch gerecht zu werden.

DIE WICHTIGSTEN BEGRIFFE AUF EINEN BLICK

Dominanz bezieht sich immer auf eine Beziehung oder ein Verhältnis zwischen zwei Individuen.

K.S.I.-Prinzip Wir erziehen kynosozial. Es ist uns wichtig, sowohl den Bedürfnissen der Hunde als auch denen der Menschen gerecht zu werden und diese beiden Bedürfnisse miteinander zu verbinden, um eine harmonische Beziehung zu fördern.

Führung erfordert Souveränität und vermittelt dem Hund durch Übernahme von (Situations-)Verantwortung und Entscheidungsfindung ein Gefühl von Geborgenheit und Sicherheit. Führung ist nicht statisch, sondern kann situations- und kompetenzbezogen wechseln.

Souveränität vermittelt dem Hund durch Authentizität und Klarheit ein Gefühl von Sicherheit und Vertrauen.

Fairness Durch menschliche Konsequenz und gleichbleibende Erwartungen weiß der Hund genau, wie er Harmonie herstellen kann.

Unterbinden Auf das gezeigte Verhalten so einwirken, dass der Hund aufhört, dieses zu zeigen.

Ignorieren Dem gezeigten Verhalten weder durch Blicke noch durch Handlungen irgendeine Art der Aufmerksamkeit zukommen zu lassen.

Zweite Reihe Den Hund an einer gedachten Linie manuell körperlich hinter sich platzieren.

DIE VIER TEILBEREICHE

— *der Führungsgesten*

FÜHRUNGSGESTEN – EIN GESPRÄCH ZWISCHEN INDIVIDUEN

Führungsgesten sind einfach formuliert Kommunikation. Es ist somit ein Gespräch zwischen Individuen. Dieses Gespräch hat nichts damit zu tun, dass einer sagt: *„Ich bin ranghöher oder ich bin toller als du."* Es geht in erster Linie darum, dass man miteinander spricht und wichtige Belange klärt. Es ist auch wichtig zu verinnerlichen, dass Hunde keine Geste „aus Versehen" senden. Ich teile die Führungsgesten in vier Teilbereiche ein:

1. Führungsantrage®
Der Hund fragt: *„Ich führe?"*

2. Führungsansage®
Der Hund sagt: *„Ich führe!"*

3. Führungsaussage®
Der Hund teilt mit: *„Ich führe."*

4. Führungsabgabe®
Der Hund zeigt: *„Ich führe nicht."*

Führungsgesten können auch Ausdruck größter Vertrautheit sein.

GENERELLE VS. TEMPORÄRE FÜHRUNGSGESTE

Spannend war auch zu sehen, dass es einen großen Unterschied ausmacht, **wann** ein Hund eine Führungsgeste zeigt. Wir unterteilen deshalb zusätzlich in die beiden Unterkategorien „generelle und temporäre Führungsgesten" (siehe S. 92 ff.). Die Einteilung präzisiert die Führungsanfragen®, -ansagen, -aussagen und -abgaben und spielt in jedem dieser vier Bereiche eine wichtige Rolle.

Generelle Führungsgeste: Ist auf eure Beziehung bezogen. Dein Hund fühlt sich sicher.

Temporäre Führungsgeste: Ist auf eine Situation bezogen. Dein Hund fühlt sich nicht sicher.

FÜHRUNGSGESTEN			
FÜHRUNGS...			
...ANFRAGE Ich führe?	**...ANSAGE** Ich führe!	**...AUSSAGE** Ich führe.	**...ABGABE** Ich führe **nicht**.
HALT GEBEN!			
Generell und temporär	Generell (nur in extremen Stresssituationen temporär)		Generell und temporär

ERKLÄRUNG VON FÜHRUNGSGESTEN (DOMINANGESTEN)			
ANFRAGE Ich führe?	**ANSAGE** Ich führe!	**AUSSAGE** Ich führe.	**ABGABE** Ich führe **nicht**.
– Dein Hund räumt dir Führung ein. – Chance, dein Hund fragt einfach: „Du oder ich? Wer führt?" „Wer übernimmt?"	– Nicht nett, Raum für (heftige) Diskussion. – Du kannst deinem Hund helfen, wenn du ihm durch Ansage Halt gibst. – hochenergetische Anfragen – Dein Hund schickt dich in die zweite Reihe und ist sich sicher, dass er kompetenter ist als du.	– Es ist nichts Persönliches! – Dein Hund fühlt sich als König der Welt. – Er setzt sich in Szene und möchte mit seinem Verhalten erreichen, dass viele dieses wahrnehmen können. – „Ich habe mich umgesehen und bin der Tollste hier."	– Dein Hund zeigt tiefes Vertrauen dir gegenüber. – immer goldig – Du solltest dich darüber freuen. – Du hast jetzt die volle Verantwortung und solltest dich dieser gewissenhaft stellen.
→ keine Reaktion: mir egal → „falsche" Reaktion (z. B. weichen): Hund übernimmt → „richtige" Reaktion (z. B. wegschieben): Hund gibt ab			

DIE FÜHRUNGSANFRAGE® (?)

EINE LIEBEVOLLE KOMMUNIKATION ZWISCHEN HUND UND MENSCH

WAS IST EINE FÜHRUNGSANFRAGE®?

Eine Führungsanfrage® ist im Grunde genommen eine liebevolle Kommunikation zwischen dir und deinem Hund. Stell dir vor, dein Vierbeiner fragt dich: *„Hey du, wer von uns beiden führt jetzt eigentlich? Wer sagt, wie es weitergeht? Wer gibt hier wem Unterstützung?"* In dem Moment stellt dein Hund es DIR frei zu entscheiden, die Führung zu übernehmen oder sie abzugeben. Im Gegensatz zu anderen Führungsgesten ist die Führungsanfrage® eher eine freundliche Frage als eine Forderung. Dein Hund gibt dir damit die Chance, die Verantwortung zu übernehmen. Er sagt: *„Möchtest du das nicht machen?"* Das Tolle daran ist: Wer Fragen stellt, ist interessiert an der Antwort und räumt dir viel Raum ein. Leider interpretieren viele Menschen das falsch und denken: *„Oh je, jetzt will er mich dominieren!"* Das bringt Unruhe in eine Beziehung, die sehr harmonisch sein könnte. Dabei ist es nur dann wirklich frech, wenn dein Hund diese Anfrage immer und immer wieder stellt, obwohl du sie bereits beantwortet hast.

WIE ERKENNST DU EINE FÜHRUNGSANFRAGE®?

Zuerst musst du lernen, deinen Hund zu SEHEN und seine Gesten wahrzunehmen. Das Erkennen einer Führungsanfrage® kann durchaus herausfordernd sein, sie ist oft subtil und unterschwellig. Typische Beispiele:

1. Dein Hund lässt dich etwas tun, was du nicht geplant hattest, er veranlasst dich zu einer Handlung. Er erinnert dich zum Beispiel an etwas: *„Ist es nicht Zeit fürs Füttern?"* oder *„Ich wäre jetzt bereit für Streicheleinheiten."* Dies geschieht auf eine subtile, liebevolle Art.

2. Dein Hund lässt dich Wege gehen, die du nicht gehen wolltest. Er positioniert sich leicht im Weg oder steht beim Schnüffeln plötzlich quer, sodass du um

Schäferhündin Kim legt sich gern in Durchgänge.

ihn herumgehen musst. Selbst wenn du über ihn steigst, hast du einen Weg eingeschlagen, den du ursprünglich nicht beabsichtigt hattest.

3. Dein Hund zeigt dir, dass er viele Möglichkeiten hat, seine Belange durchzusetzen. Wenn du ihn zum Beispiel rufst, kommt er zuerst direkt, stoppt dann aber spontan ab, um schnell noch einmal zu schnüffeln. So kommst du nicht an ihn heran und er demonstriert damit: *„Siehst du, du kannst mich nicht erreichen, weil du langsamer bist als ich."*

4. Dein Hund dringt unaufgefordert in deinen persönlichen Bereich ein. Er schiebt zum Beispiel seinen Kopf unter deine Hand oder lehnt sich an dich. Diese Gesten erscheinen süß, aber der Hund fragt im Grunde: *„Reagierst du so, wie ich es gern möchte?"* In der Hundewelt ist die Wahrung der individuellen Distanz von großer Bedeutung. Hunde untereinander achten sehr darauf, diese einzuhalten.

5. Dein Hund kontrolliert oder schränkt deine Bewegungen ein. Er legt sich zum Beispiel auf deine Füße oder stellt sich vor dich als eine Art freundliche Barriere.

6. Dein Hund kompromittiert dich, überprüft deine Fähigkeiten oder setzt sich in Szene, indem er respektlos mit dir umgeht. Er macht Dinge, die deine Kompetenz infrage stellen. Beim Rückruf hebt er beispielsweise erst das Bein, bevor er zu dir kommt.

Der Erfolg gibt ihr recht, die meisten Menschen …

… lassen sie gewähren und steigen über sie weg.

01 Rüde Vicktor blockiert absichtlich den Weg.

02 Er lässt sich keinen Zentimeter bewegen.

03 Der einfache Weg ist nicht immer der beste! Hier wäre „sich körpersprachlich Raum zu verschaffen" sinnvoll gewesen.

01 Hündin Amy langweilt sich, da nichts passiert.

02 Sie versucht mit allen Mitteln, ...

03 ... auf sich aufmerksam zu machen.

WIE GEHST DU MIT EINER FÜHRUNGS-ANFRAGE® UM?

Zunächst musst du wissen, dass auch du deinem Hund Führungsanfragen® senden kannst. Wenn du in einer Stresssituation deinen Hund freundlich einschränkst, zum Beispiel, indem du dein Bein vor ihn stellst, fragst du ihn: *„Möchtest du die Führung übernehmen oder soll ich?"* Manche Hunde reagieren mit einer Führungsabgabe® und sagen damit: *„Übernimm du!"* Andere freuen sich, zeigen zum Beispiel eine Führungsansage® und handeln: *„Wenn du so fragst, übernehme ich gern die Führung."*

ANGEMESSENE REAKTION AUF EINE FÜHRUNGSANFRAGE®

1. Bleibe sachlich und freundlich. Es geht nicht darum, verärgert oder wütend zu reagieren.

2. Signalisiere deinem Hund klar, dass du die Führung übernehmen wirst, indem du auf seine Anfrage souverän und unmissverständlich reagierst. Stellt er zum Beispiel seine Pfote auf deinen Fuß – als Anfrage – dann schiebe diese von deinem Fuß hinunter. Zur Verdeutlichung könntest du ihn auch mit deiner Hand in die zweite Reihe schieben.

3. Du musst dir darüber bewusst sein: Wer weicht, gibt die Führung an seinen Hund in dieser Situation ab. Also solltest du auf keinen Fall weichen. Ziehst du deinen Fuß weg oder gehst du zur Seite, signalisierst du deinem Hund: *„Ich möchte nicht führen, übernimm du bitte."* Dann musst du jedoch auch mit der Konsequenz seiner Entscheidungen leben.

Die ausgebildete Therapiehündin Wonka ist Spezialistin in der unaufgeforderten Kontaktaufnahme.

»Einer meiner liebsten Leitsätze lautet: Wer weicht, verliert.«

4. Reagiere immer „vorwärts gerichtet". Das bedeutet, bewege dich nicht vom Hund weg, sondern gehe vorwärts in seine Richtung. **Wer weicht, verliert!**

5. Kommandos sind nicht hilfreich, um Führungsanfragen® zu unterbinden. Der Hund versteht auf diese Weise nicht, dass du so die Führungsgeste unterbrechen möchtest. Denn natürlich gibst du auch Kommandos in völlig anderem Kontext, um zum Beispiel mit ihm zu trainieren. Somit wird er Schwierigkeiten haben, eine Kommandogabe mit seiner Führungsanfrage® in Verbindung zu bringen.

6. Wenn du die Verantwortung übernimmst, musst du auch liefern. Übernimm nur die Führung, wenn du dir sicher bist, dass du die Situation erfolgreich abschließen kannst! Zeige deinem Hund, dass du die Situation meistern kannst.

7. Bist du dir nicht sicher, ob du die Situation meistern kannst, ist es besser, selbst in die zweite Reihe zu rücken. Es ist nicht schlimm, zu sagen: *„Ich bin mit dieser Situation überfordert."*

Gibst du deinem Hund die Möglichkeit, die Führung zu übernehmen, musst du akzeptieren, dass er dies nach seinen Vorstellungen

Das ist kein Zufall: Schäferhündin Grappa platziert ihre Pfote ganz bewusst.

Führungsgesten sind immer Kommunikation. Hier eine angemessene Antwort.

Kopf abgewendet, gekoppelt mit Führungsanfrage®. Der Hund fühlt sich sichtlich unwohl und fragt nach Hilfe.

umsetzt. Auch du als Mensch kannst Führungsanfragen® stellen, solltest dir aber bewusst sein, dass du deinem Hund damit signalisierst: *„Du darfst führen."*
Was vielen nicht bewusst ist: Positionierst du zum Beispiel in einer angespannten Hundebegegnung aktiv dein Bein vor deinen Hund – so wie zu Beginn des Abschnitts erklärt –, schränkst du deinen Hund leicht ein und stellst somit die Frage, wer von euch beiden entscheidet, wie der richtige Umgang mit dieser Situation ist. Mit dieser Geste räumst du deinem Hund ein, zu entscheiden. Gerade in Hundebegegnungen kann dies natürlich fatale Folgen haben. Aber du räumst damit ja auch ein, dass du die Situation regeln könntest. Viele Hunde nehmen dieses Angebot dankend an. Stellen wir eine FRAGE, müssen wir mit der ANTWORT leben. Deshalb ist es so wichtig, dass gerade wir Menschen uns unserer Bewegungen bewusst sind.

Bei der Führungsanfrage® geht es nicht um ein einseitiges „Ich mache das", sondern um die Frage: „Wer von uns beiden übernimmt jetzt?"

Die Führungsanfrage® ist ein faszinierender Aspekt der Mensch-Hund-Beziehung. Wenn du sie richtig verstehst und angemessen darauf reagierst, kannst du eine harmonische, respektvolle Beziehung zu deinem vierbeinigen Freund aufbauen.
Es geht darum, liebevoll und bestimmt zu kommunizieren. Dein Hund fühlt sich von dir gesehen und kann sich besser auf dich einlassen, weil er dich als sozialkompetent wahrnimmt.

01

DIE FÜHRUNGSANFRAGEN®

— *Situationen, in denen dein Hund Führung anfragt*

DEIN HUND LÄSST DICH ETWAS TUN, DAS DU NICHT GEPLANT HATTEST

Zeigt dein Hund folgendes Verhalten, solltest du sehr genau darauf achten, dass du dich von deinem ursprünglichen Plan nicht abbringen lässt.

01 – 02 AKTIVES BETTELN

Was macht der Hund?
Dein Hund jammert, berührt dich, stupst dich an und/oder ist grenzüberschreitend, um gewisse Dinge zu bekommen.
Wichtig: Nicht zu verwechseln mit passivem Betteln, wo er süß schaut oder jeden Bissen in deinen Mund verfolgt, in der Hoffnung, du würdest ihm etwas geben, was du natürlich niemals tun würdest …

Wie reagierst du richtig?
Verschaffe dir Raum. Halte ihn auf Abstand und schicke ihn zum Beispiel auf seine Decke, damit er nicht weiter betteln kann.

02

03

03 – 06 DAS GEGENÜBER DURCH HANDLUNGEN AKTIVIEREN

Was macht der Hund?
Dein Hund präsentiert dir den Ball; legt den Kopf auf deinen Schoß; wartet vor der Tür darauf, dass du ihn hinaus-/hineinlässt oder macht Dinge, um dich zum Streicheln, Spielen oder Ähnlichem zu bewegen.

Wie reagierst du richtig?
Auf keinen Fall darauf eingehen! Auch hier wieder Abstand herstellen, ihn erst einmal wegschicken. Wenn er das akzeptiert, kannst du ihn später rufen und dann mit ihm spielen oder ihn streicheln.

04

05

07 DEM GEGENÜBER SEINE ART DES KONTAKTS AUFDRÄNGEN

Was macht der Hund?
Nimmst du Kontakt zu deinem Hund auf, sorgt der Hund dafür, dass es auf die Weise geschieht, wie es ihm beliebt. Während des Streichelns bringt er dich dazu, ihn dort zu streicheln, wo er es möchte und versucht, deine Hände in eine Richtung zu bewegen, die ihm besser gefällt.

Wie reagierst du richtig?
Bleib bei deinem Plan und mache genau das, was du vorhattest. Nicht aufhören, nicht beeinflussen lassen. Du streichelst deinen Hund so, wie du das möchtest, jedoch ohne seine Wünsche aus den Augen zu verlieren.

06

07

08–09 DEM GEGENÜBER SEINE ART DES SPIELS AUFDRÄNGEN

Was macht der Hund?
Während des Spiels entzieht sich dein Hund, wenn du nicht so spielst, wie er das möchte und eröffnet wieder auf seine Weise. Das kann variieren, je nach Spielart, Intensität und Heftigkeit. Häufig legt er dabei deine Schwächen offen (zu langsam, nicht kompromisslos genug, usw.).

Wichtig: Je nachdem, wie körperbetont dein Hund mit dir umgeht, kann es auch eine Führungsansage® (siehe S. 66 ff.) sein.

Wie reagierst du richtig?
Kehre zu deiner Art des Spiels zurück und bestehe darauf. Wenn dies nicht funktioniert, beende das Spiel. Gern darfst du im Hinterkopf behalten, was sich dein Hund gewünscht hätte und ihn das nächste Mal auf seine Art zum Spiel einladen – wenn es angemessen und nicht zu körperbetont war.

08

09

10

11

12

10 – 12 AKTIV ZUM STREICHELN AUFFORDERN

Was macht der Hund?
Dein Hund möchte gestreichelt werden und sorgt durch diverses Verhalten dafür, dass du es auch tust. Er benimmt sich dabei auffallend kreativ. Mal legt er die Pfote auf, schiebt den Kopf unter deinen Arm oder während du an ihm vorbei gehst, dreht er sich goldig auf den Rücken und präsentiert dir seinen Bauch.

Wie reagierst du richtig?
Indem du nicht reagierst.
Wichtig: Du sollst ab heute deinen Hund nicht weniger streicheln, sondern du sollst nur darauf achten, dass du es initiierst, sprich, deinen Hund einlädst.

13 RITUALE EINFORDERN

Was macht der Hund?
Wir alle haben wiederkehrende Gewohnheiten und Abläufe. Punktlich wie ein Schweizer Uhrwerk erinnert dein Hund dich an diese ritualisierten Abläufe. Du könntest sie ja vergessen. Zur Gassi- bzw. Fütterungszeit steht dein Hund zum Beispiel schon fiepend parat und sorgt dafür, dass du an nichts anderes mehr denken kannst.

Wie reagierst du richtig?
Auf diese Erinnerungen darfst du nicht eingehen. Denke daran, du gestaltest den Tagesablauf. Also achte darauf, die Zeiten und Gewohnheiten so gut wie möglich zu variieren. Hilfreich kann es auch sein, Rituale abzubauen bzw. vorübergehend einzustellen.

01

02

DEIN HUND LÄSST DICH WEGE GEHEN, DIE DU NICHT GEHEN WOLLTEST

01 – 02 AN DER LEINE ZIEHEN

Was macht der Hund?
Dein Hund zieht an der Leine und versucht so, dich irgendwohin zu bewegen, wo du gar nicht hinwillst. Zum Beispiel zu einem Urinplatz oder um jemanden zu begrüßen. Er versucht deine Richtung und dein Tempo zu verändern.

Wie reagierst du richtig?
Dein Hund darf durch Ziehen an der Leine nie sein Ziel erreichen. Genau genommen solltest du peinlich genau darauf achten, dass du eher das Gegenteil tust und dein Hund seinem Ziel nicht näherkommt. Wenn er zieht, gehst du in die entgegengesetzte Richtung oder bleibst stehen. Das nennt sich konträres Arbeiten.

03 – 04 TEMPO ODER RICHTUNG VORGEBEN

Was macht der Hund?
Dein Hund geht immer wieder sein eigenes Tempo, mal schneller, mal langsamer oder bleibt unvermittelt stehen und sorgt dafür, dass du dich anpasst. Manchmal erkennt man es auch daran, dass der Hund an der Leine vor dir permanent die Seite wechselt.

Wie reagierst du richtig?
Bleib bei deinem eigenen Tempo. Lass dich nicht von seinem Rhythmus beeinflussen. Du bestimmst, wie schnell oder langsam ihr geht. Mehr zu Leinenführigkeit, siehe S. 151 ff.

03

04

05

05 IN DEN WEG SETZEN, STELLEN, LEGEN ODER LAUFEN

Was macht der Hund?
Genau genommen ist die Geste schon selbsterklärend. Du musst dir nur im Klaren darüber sein, dass dein Hund diese Position bewusst gewählt hat, weil er weiß, dass er dich so dazu bringt, woanders entlang zu laufen oder über ihn zu steigen.

Wie reagierst du richtig?
Steige nicht über deinen Hund drüber, laufe keine Bögen. Achte darauf, dass du auf deinem gedachten Weg bleibst und dein Tempo nicht verlangsamst. Auf diese Weise bringst du deinen Hund dazu, ggf. aufzustehen und aus dem Weg zu gehen. Wichtig: Du musst nicht bewusst Wege laufen, um deinen Hund wegzuschieben. Du sollst nur die Wege laufen, die du auch ohne deinen Hund gelaufen wärst. Der Satz *„Geh deinen Weg"* ist zwar etwas abgedroschen, hier aber sehr passend.

01

DEIN HUND ZEIGT DIR, DASS ER SEINE BELANGE DURCHSETZEN WILL

01 – 03 ÜBERTRIEBENES SCHNÜFFELN

Was macht der Hund?
Dein Hund behält seine Nase fast während des ganzen Spaziergangs am Boden. Er lässt sich kurz unterbrechen, um dann mit seiner Mission direkt fortzufahren. Es ist schwer, seine Aufmerksamkeit zu erlangen.

Wie reagierst du richtig?
Du solltest Weg und Tempo nicht deinem Hund anpassen. Schnüffelt er sich fest, gehe weiter, nimm ihn mit und warte nicht auf ihn. Bettle nicht um seine Aufmerksamkeit, indem du ihn ständig ansprichst und darauf wartest, dass er den Kopf hebt. Bleibe auch hier bei dem, was du vorhattest, nämlich deinen Weg in deinem Tempo zu gehen.

02

03

04

05

04 ANGST VORTÄUSCHEN (ALS MANIPULATION)

Was macht der Hund?
Dein Hund setzt bewusst Elemente ängstlichen Verhaltens ein, um dich an deinem Vorhaben zu hindern oder seine Belange unter dem Deckmantel der Angst durchzusetzen. Häufig handelt es sich hierbei um erlerntes Verhalten. Er hat verknüpft, dass er wirkungsvoller seinen Willen durchsetzen kann, wenn er Angst zeigt, als wenn er zuschnappt. Dies konnten wir häufig bei Tierschutzhunden aus Urlaubsländern beobachten. Offenbar haben sie gelernt, dass sie auf diese Weise, ohne sich streicheln zu lassen, an Futter kommen.

Wie reagierst du richtig?
Vorgetäuschte Angst erkennt man häufig daran, wenn

1. ein Hund trotzdem Futter annimmt.
2. ein Hund schnell zwischen Angst- und Normalverhalten wechseln kann.
3. ein Hund nicht alle körpersprachlichen Elemente der Angst zeigt (siehe S. 111 ff.).

Egal ob vorgetäuscht oder nicht, zeige deinem Hund, dass du an dem festhältst, was du dir vorgenommen hast und ihn souverän durch diese Situation führen kannst.

05 DINGE, DIE DEM HUND NICHT GEHÖREN, STEHLEN / ZERSTÖREN

Was macht der Hund?
Dein Hund geht mit persönlichen Sachen anderer so um, als würden sie ihm gehören. Er nimmt beispielsweise Hausschuhe, zerkaut diese oder trägt sie auf seine Decke, wo er sie wie einen Schatz hortet.

Wie reagierst du richtig?
Hole dir die Dinge auf ruhige, bestimmte und gelassene Weise zurück. Wenn dein Hund etwas von dir zerstört hat, darfst du auch deinen Unmut bekunden. Lass dich keinesfalls auf ein Spiel ein.

06

06 – 07 AUF KORREKTUR ÜBERTRIEBEN REAGIEREN

Was macht der Hund?
Dein Hund zeigt ein Verhalten, das laut euren Regeln nicht erlaubt ist. In dem Moment, in dem du ansetzt, dieses Verhalten zu unterbrechen, reagiert dein Hund übertrieben und fast schon theatralisch, um dich in deiner Ausführung zu hemmen.

Wie reagierst du richtig?
Du solltest an deinen Regeln festhalten, auch wenn dein Hund dich gern davon abbringen würde. Lass dich nicht auf das Drama ein, denn du weißt, dass es keines ist. Lässt dein Hund sich zum Beispiel theatralisch fallen, hast du kein schlechtes Gewissen, sondern unterbindest das Fehlverhalten adäquat, indem du ihn sanft anhebst und das nächste Mal eine Leine an deinem Hund hast, um ihn so am Hinlegen zu hindern.

07

08

08–09 AUFMERKSAMKEITS-HEISCHENDES VERHALTEN

Was macht der Hund?
Der Hund fiept, jammert, benimmt sich besonders süß, nimmt ein Quietschespielzeug und quietscht darauf herum. Manchmal macht er auch Dinge extra falsch, um Aufmerksamkeit zu bekommen.

Wie reagierst du richtig?
Ganz wichtig: Er darf auf keinen Fall diese Aufmerksamkeit bekommen! Stell Abstand zu dir her, indem du ihn wegschickst. Versuche dabei, ihn nicht anzusehen. Kaut er zum Beispiel an der Leine, öffnest du nebenbei sein Maul und nimmst die Leine ruhig heraus. Schaue währenddessen an ihm vorbei. Er soll nicht das Gefühl bekommen, Aufmerksamkeit durch dieses Verhalten zu erlangen.

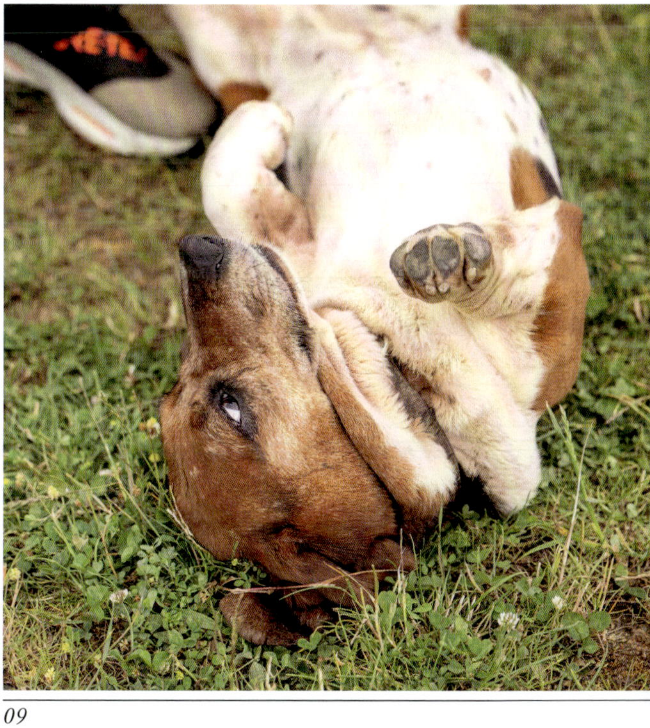

09

01

DEIN HUND DRINGT UNAUFGEFORDERT IN DEINEN BEREICH EIN

01 – 02 KÜHLSCHRANK, TISCH, MENSCH BEI HEIMKEHR KONTROLLIEREN

Was macht der Hund?
Dein Hund kontrolliert dich und alles, was mit der Ressource Nahrung in Verbindung gebracht werden kann. Das sind Privilegien eines sehr hohen Status und zudem grenzüberschreitend.

Wie reagierst du richtig?
Lass es nicht zu, schicke deinen Hund weg. Sollte sich dein Hund wehren, indem er sich steif macht oder sogar knurrt, scheue dich nicht, professionelle Hilfe in Anspruch zu nehmen.

02

03

04

03 – 04 UNAUFGEFORDERTES BERÜHREN

Was macht der Hund?
Fast unmerklich und wie zufällig berührt dich dein Hund mal im Vorbeigehen, mal auffordernd.

Wie reagierst du richtig?
Hier hilft einfaches, aber freundliches Wegschieben.

05 ANLEHNEN

Was macht der Hund?
Dein Hund sitzt, steht oder liegt so, dass er seinen Kopf oder seinen Körper gegen dich lehnt. Dabei ist er sanft genug, sodass es dich keine Mühe kostet, den Druck vom Hund auszugleichen.

Wie reagierst du richtig?
Schieb ihn sanft mit deinen Händen ein wenig von dir weg, sodass er ohne deine Hilfe seine Position halten kann.

05

06

07

08

06 – 08 HÄUFIGES ANSTUPSEN

Was macht der Hund?
Dein Hund berührt dich immer wieder mit seiner Schnauze oder nur seiner Nase, mal am Bein, mal am Arm, mal auffordernd, mal liebevoll.

Wie reagierst du richtig?
Zugewandte Empörtheit ist in diesem Zusammenhang mein Lieblingswort. Liebevoll, aber ein wenig empört, zeige ich mich aufgesetzt überrascht und mache mit einer kleinen Geste bzw. einem Wort deutlich, dass er das nicht tun soll.

09

10

09 – 10 VORSICHTIGES ANSPRINGEN

Was macht der Hund?
Dein Hund zeigt Anspringen, indem er sanft an dir hoch steigt beziehungsweise klettert. Dabei ist er fast respektvoll, berührt dich nicht schwungvoll und du hast keine Probleme dort stehen zu bleiben, wo du stehst.

Wie reagierst du richtig?
Wichtig ist, dass du nicht weichst oder einen Schritt benötigst, um das Anspringen deines Hundes auszugleichen. Nimm seine Pfoten und setze sie auf den Boden. Gern kannst du dich dabei langsam in Richtung des Hundes bewegen. Bleibe dabei zugewandt und gelassen.

01

02

DEIN HUND KONTROLLIERT DICH ODER SCHRÄNKT DEINE BEWEGUNGEN EIN

01–02 HINTERTEIL SEITLICH VOM MENSCHEN WEGDREHEN

Was macht der Hund?
Du läufst gemeinsam mit deinem Hund in die gleiche Richtung und hältst an. Dein Hund bleibt zwar auch stehen, dreht aber sein Hinterteil so, dass er dich ohne Mühe im Auge behalten kann und so jede deiner Bewegungen kontrollieren könnte.

Wie reagierst du richtig?
Bringe deinen Hund dazu, mit seinem Hinterteil wieder an dich heranzurücken.

Wie reagierst du richtig?
Bewege deinen Hund zum Beispiel durch Wegschieben von deinem Fuß herunter. Weiche nicht selbst, indem du deinen Fuß wegziehst, denn du hast bereits gelernt: **„Wer weicht, verliert!"**

03 AUF DIE FÜSSE SETZEN, STELLEN ODER LEGEN

Was macht der Hund?
Dein Hund platziert sich auf deinen Füßen.

03

04

04 PFOTE AUF ODER ÜBER DEN FUSS AUFLEGEN UND ANDRÜCKEN

Was macht der Hund?
Auch die Position der Pfoten deines Hundes sind relevant in eurer Kommunikation. Bei dieser Geste setzt dein Hund seine Pfoten bewusst ein, um dich unterschwellig zu blockieren, kontrollieren oder auch wegzuschieben.

Wie reagierst du richtig?
Nimm die Pfote deines Hundes und lege oder setze sie dorthin, wo sie dich nicht mehr berührt und/oder blockiert. Denke immer daran, du solltest nicht weichen oder deine Hände, Arme, Beine oder Ähnliches wegziehen.

05 SPLITTEN

Was macht der Hund?
Der Hund positioniert sich so, dass er allein durch diese Position im Mittelpunkt steht. Er platziert sich zum Beispiel bewusst zwischen zwei Individuen. Auf diese Weise kann er deren Kontakt kontrollieren.

Wie reagierst du richtig?
Sorge dafür, dass der Hund diese zentrale Position verlässt.

05

01

DEIN HUND ÜBERPRÜFT DEINE FÄHIGKEITEN, SETZT SICH IN SZENE

Reagiere oder finde Lösungen, bevor dein Hund folgende Dinge zeigt:

01 KOMMANDOS BEWUSST NICHT VOLLSTÄNDIG AUSFÜHREN

Was macht der Hund?
Du gibst ein Kommando, dein Hund deutet an, dieses Kommando auszuführen und vollendet es nicht. Du musst ein, zwei Schritte auf ihn zugehen, um dafür zu sorgen, dass er das Kommando ausführt. Auf Rückruf kommt der Hund zum Beispiel bis auf einen Meter an dich heran und bleibt dann stehen, damit du den letzten Meter auf ihn zugehen musst.

Wie reagierst du richtig?
In Zukunft trägt dein Hund eine Leine. Zeigt er dann dieses Verhalten, gehst du zum Ende der Leine und holst ihn mit Hilfe der Leine zu dir, um dann das Kommando zu vollenden.

02 VORAUSSITZEN ODER VORAUSLIEGEN

Was macht der Hund?
Nachdem du ein Kommando gegeben hast, bewegt sich dein Hund vorwärts, um tendenziell weiter vorne zu sein als du. Dort führt er dann das gewünschte Kommando aus.

Wie reagierst du richtig?
Bewegt er sich nach dem Kommando vorwärts, fange ihn bereits in seiner Bewegung ab und schiebe ihn wieder zurück. Sorge dafür, dass er das Kommando nicht vor dir ausführt.

02

02

03

03 IGNORIEREN

Was macht der Hund?
Dein Hund führt ein gegebenes Kommando aus, schaut dabei aber demonstrativ in eine andere Richtung.

Wie reagierst du richtig?
Sprich deinen Hund an, damit er wieder Kontakt zu dir aufnimmt.

04 GEHORSAM VERZÖGERN

Was macht der Hund?
Nachdem du deinem Hund ein Kommando gegeben hast, reagiert er nicht wie gewohnt sofort. Er findet eine Ablenkung, die ihn dazu bewegt, das Kommando verzögert auszuführen und dich warten zu lassen. Nachdem du beispielsweise ein Sitzkommando gegeben hast, schnüffelt dein Hund noch an einer gut riechenden Stelle, bevor er sich setzt oder er hebt noch einmal schnell sein Bein.

Wie reagierst du richtig?
Setzt dein Hund zu verzögerndem Verhalten an, dann mache ihm durch ein negatives Geräusch (manchmal reicht ein „Aaah“) seinen Fehler bewusst und bestehe auf die Umsetzung des Kommandos.

04

05

06

07

08

05 – 06 KOMMANDOS ÜBERHÖREN

Was macht der Hund?
Dein Hund geht unbeirrt und ohne zu Zögern seiner Tätigkeit nach, obwohl du ein Kommando gegeben hast.

Wie reagierst du richtig?
Bestehe darauf, dass dein Hund dein gegebenes Kommando ausführt.

07 SCHAULAUFEN

Was macht der Hund?
Dein Hund nimmt etwas ins Maul und läuft damit so durch die Gegend, dass du es sehen musst. Er guckt dich immer wieder an und präsentiert dir, was er im Maul hat.

Wie reagierst du richtig?
Ruf ihn zu dir. Nimm deinem Hund den Gegenstand weg und beanspruche diesen für dich, indem du ihn bei dir trägst oder weglegst. Lass dich nicht auf ein Spiel ein.

08 BEI KORREKTUR AUSWEICHEN

Was macht der Hund?
Du und dein Hund habt verschiedene Ansichten. In dem Moment, in dem du deine Belange durchsetzen willst, entzieht er sich.

Wie reagierst du richtig?
Mach eine Leine an deinen Hund, damit er sich nicht entziehen kann. Hole ihn manuell in deinen Wirkungskreis und sorge dafür, dass er durch Ausweichen nicht zum Erfolg kommt.

09

09 BESUCH LAUTSTARK IN EMPFANG NEHMEN

Was macht der Hund?
Dein Hund zeigt Besuch übertrieben laut an.

Wie reagierst du richtig?
Schicke ihn auf einen vorher festgelegten Platz, wo er verweilen soll, bis er abgeholt wird. Das musst du natürlich vorab mit ihm trainieren, damit er versteht, auf seinem Platz liegen zu bleiben (siehe S. 148 ff.).

09

10

10–11 REGELMÄSSIGES ANTESTEN, OB DIE REGEL NOCH BESTEHT

Was macht der Hund?
Dein Hund reagiert nicht wie gewohnt sofort, nachdem du ihm ein Kommando gegeben hast. Allerdings, sobald er wahrnimmt, dass du auf das Nichtausführen reagierst, zeigt er relativ schnell das gewünschte Verhalten.

Wie reagierst du richtig?
Du solltest die Reaktion, die du geplant hast, dennoch zu Ende bringen. So lernt dein Hund, dass er dein Vorhaben nicht steuern bzw. unterbrechen kann.

11

12

12 EXTREMES ODER GAR KEIN BEGRÜSSEN

Was macht der Hund?
Dein Hund begrüßt dich mit Führungsgesten, zum Beispiel Anbellen, Anrempeln, Anspringen oder anderes, was dich kompromittiert. Oder er ignoriert dich, nachdem du weg warst.

Wie reagierst du richtig?
Rufe deinen Hund zu dir und behalte ihn kurz bei dir. Bewege ihn dazu, Abstand zu halten. Ignoriert dich dein Hund, fordere die Begrüßung ein. Rufe ihn heran, halte ihn kurz bei dir und schicke ihn wieder weg.

13 – 14 INITIATIVE ERGREIFEN

(In-die-Leine-Beißen, Leinenaggression, Futter einfordern)

Was macht der Hund?
Der Hund ergreift die Initiative, indem er zum Beispiel zu einer bestimmten Zeit Futter einfordert.

Wie reagierst du richtig?
Gehe nicht darauf ein und riskiere nicht, dein Gesicht zu verlieren. Im Falle des Futtereinforderns solltest du die Fütterungszeiten wechseln, aufstehen und etwas ganz anderes machen oder dich irgendwo hinsetzen.

15 KÖRPERKONTAKT BEENDEN, WENN ES DEM HUND REICHT

Was macht der Hund?
Dein Hund beendet überraschend und ruckartig das Streicheln.

Wie reagierst du richtig?
Rufe deinen Hund wieder zu dir, streichle ihn kurz und initiiere dann selbst das Ende.

13

14

15

16

17

16 BEIM ESSEN IST DER HUND NÄHER DABEI ALS ÜBLICH

Was macht der Hund?
Sobald die Ressource Futter ins Spiel kommt, beispielsweise beim Kochen, hält sich dein Hund auffallend dicht bei dir auf.

Wie reagierst du richtig?
Sorge verbal durch Wegschieben oder durch Wegschicken dafür, dass dein Hund gebührenden Abstand hält.

17 ÜBERHOLEN BEI ENGEN DURCHGÄNGEN, TREPPEN ODER TÜREN

Was macht der Hund?
Du befindest dich auf einer Treppe, im Türrahmen oder einem sonstigen Durchgang. Dein Hund überholt dich unauffällig und ohne, dass er dich touchiert oder gar rempelt.

Wie reagierst du richtig?
Du holst deinen Hund zurück und schickst ihn wieder hinter dich. Sorge dafür, dass er hinter dir bleibt.

18 SICH SELBST ÜBERTRIEBEN KORRIGIEREN …

… dabei den Menschen handlungsunfähig machen

Was macht der Hund?
Der Hund zeigt das gewünschte Kommando bei Andeutung einer Korrektur so übertrieben, dass das Gegenüber Probleme hat, seine Verbesserung durchzuführen. Durch dieses nahezu theatralische Verhalten macht der Hund sein Gegenüber häufig handlungsunfähig und bringt ihn so in Verlegenheit.

Wie reagierst du richtig?
Lass dich durch das Verhalten deines Hundes nicht von deinem Vorhaben abbringen.

18

DIE FÜHRUNGSANSAGE® (!)

SO STELLT DER HUND KLAR, DASS ER DIE KONTROLLE ÜBERNIMMT

WAS IST EINE FÜHRUNGSANSAGE®?

Die Führungsansage® ist ein deutliches Statement an dich. Im Gegensatz zur Führungsanfrage® sieht dein Hund hier keinen Klärungsbedarf. Für ihn ist klar, wer führt und zwar er. Seine Ansage macht dir deutlich, dass du seine Meinung zu akzeptieren hast und dich zurücknehmen sollst.

WIE ERKENNST DU EINE FÜHRUNGSANSAGE®?

1. **Dein Hund bewegt dich aktiv weg.** Er veranlasst durch sein Verhalten, dass du den Abstand zu ihm oder etwas vergrößerst. Er geht zum Beispiel zielstrebig ein paar Schritte auf dich zu, damit du dich von seinem Spielzeug entfernst.

2. **Dein Hund bewegt dich heftig.** Durch körperlichen Einsatz erreicht dein Hund, dass du seine Aktion durch Bewegung ausgleichen musst, um nicht die Balance zu verlieren. Beim Spielen mit seinem Kumpel beispielsweise rennt er ungebremst in dich hinein, sodass du den Halt verlierst.

3. **Dein Hund überschreitet massiv deine persönlichen Grenzen und/oder fordert die Wahrung seiner persönlichen Grenzen ein.** Er springt auf dich, trampelt auf dir herum, ohne Rücksicht auf deinen Komfort oder deine körperliche Unversehrtheit, würde dir aber dieses Privileg nicht einräumen. Er bettelt beispielsweise nach Kuscheleinheiten, indem er mit der Pfote nach dir schlägt und dir dabei Kratzer zufügt.

4. **Dein Hund droht dir gegenüber, oder korrigiert dich.** Dein Hund maßregelt dich. Du willst dich zum Beispiel zu deinem Hund ins Körbchen gesellen, dein Hund knurrt dich an und fletscht ggf. die Zähne.

5. **Dein Hund kompromittiert dich und führt dich vor.** Beispielsweise wählt dein Hund als Markierort dein Bein und nicht einen Baum.

6. **Dein Hund schränkt dich heftig ein.** Er positioniert sich so, dass es dir schwerfällt, deinen Weg fortzusetzen, ohne dir körperlich Raum zu verschaffen, was deinem Hund auch bewusst ist.

Vidocq, der ranghöchste Rüde in meiner Hundegruppe, ist absoluter Meister souveräner Kommunikation. Seinen wachsamen Augen entgeht nichts.

7. **Dein Hund stellt eine Anfrage nachhaltig.** Dein Hund wiederholt in einer bestimmten Situation seine Anfrage immer wieder, obwohl du diese nachhaltig unterbindest.

8. **Dein Hund kontrolliert dich, jede deiner Bewegungen oder die Umgebung.** Dein Hund folgt dir beispielsweise im Haus auf Schritt und Tritt, um zu kontrollieren, ob du dich in seinem Territorium sachgemäß verhältst.

9. **Dein Hund setzt seine eigenen Belange kompromisslos durch.** Wenn dein Hund etwas erreichen möchte, tut er dies, ohne darauf zu achten, ob er dir dabei Schaden zufügen könnte. Er zieht zum Beispiel so ruckartig an der Leine, dass du (fast) umfällst.

10. **Dein Hund boykottiert deine Führungsansagen®.** Sobald du dir Raum verschaffen möchtest, macht sich dein Hund schwer wie ein Mehlsack.

Rüde Fenrir testet seine Grenzen aus. Seine Aufmerksamkeit gilt dem Außen.

WIE GEHST DU MIT EINER FÜHRUNGS-ANSAGE® UM?

Eine Führungsansage® muss ebenfalls mit einer Ansage beantwortet werden. Diese sollte deinen Hund beeindrucken. Oft hilft es, die Intensität der Ansage deines Hundes bewusst wahrzunehmen, sich seiner Energie anzupassen und ihm zu zeigen, dass du fähig bist, euch beide zu führen.

Führungsansagen® können zwei verschiedene Qualitäten haben. Es gibt Ansagen,
— die zur Verhinderung von Aggression eingesetzt werden.
— die dir zeigen, dass dein Hund dich nicht ernst nimmt.

Ansagen zur Verhinderung von Aggression nenne ich auch **distanzvergrößernde** Führungs**gesten**. Hier stellt der Hund Abstand her, indem er zum Beispiel fixiert und sich steif macht. Wenn du in dem Moment mit-

»Du musst nicht gut sein, du musst nur besser sein, als dein Hund!«

WAS HEISST SOUVERÄNES HANDELN?

Ruhe bewahren: Keine Hektik

Vorbereitet sein: Plan B schon in der Tasche haben, bevor Plan A schief geht.

Sicherheit geht vor: Seinen Hund so sichern und ausstatten, dass man sich selbst ganz sicher ist und nicht das Gefühl hat, eine Situation nicht mehr zu bewältigen.

Positiv bleiben: Den Fokus nicht nur auf das Negative richten, sondern wahrnehmen, wenn etwas gut läuft und dies honorieren.

Gerechtigkeit: Sich im Vorfeld darüber im Klaren sein, was man will und was nicht. Dabei sollte man sich regelmäßig selbst überprüfen und reflektieren, um den Hund nicht seiner eigenen Stimmung auszusetzen.

Hilfestellung leisten: Erkennen, wann der Hund wirklich Hilfe braucht. Nicht nur handeln, wenn man das Gefühl hat, die Situation ist brenzlig.

Hund als Individuum: Die eigenen Emotionen nicht auf den Hund projizieren, sondern den Hund als eigenständiges Lebewesen wahrnehmen. Den Hund mit seinen eigenen Bedürfnissen sehen.

Chancen geben: Dem Hund die Chance geben, Dinge richtig zu machen.

Timing: Verstehen und wissen, was Timing bedeutet, um Fehlverknüpfungen zu vermeiden.

Fairness: In brenzligen Situationen nicht strenger werden oder höhere Erwartungen an den Hund stellen, als in entspannten Situationen.

Selbstfürsorge: Nicht egoistisch sein, aber trotzdem auf sich selbst achten.

Authentizität: Der eigenen Linie treu bleiben.

Zuneigung: Immer wieder zeigen, wie wichtig einem das Gegenüber ist.

machst und weichst, passiert auch nichts. Besonders ernst zu nehmen ist dein Hund, wenn er völlig selbstverständlich handelt und dabei ruhig, souverän und ganz gelassen wirkt. Dann ist davon auszugehen, dass er sich seiner Position nicht nur sicher ist, sondern sich in dieser auch unglaublich wohl fühlt. So wird es schwieriger, ihn davon zu überzeugen, dass du die besseren Führungsqualitäten besitzt.

KÖNNEN MENSCHEN AUCH FÜHRUNGSANSAGEN® SENDEN?

In der Beziehung zu unserem Hund ist es sogar unumgänglich, dies zu tun, um Missverständnisse zu vermeiden. Wie bereits beschrieben, sollten wir darauf achten, dabei stets souverän zu sein und so zu wirken, als würden wir völlig über den Dingen (in dem Fall sein Verhalten) stehen. So wird dem Hund klar, dass wir nicht nur einen Führungsanspruch anmelden, sondern diesen mit einer Selbstverständlichkeit voraussetzen und gegebenenfalls auch einfordern.

KOMPETENTE HILFE SUCHEN!

Sollten sich die hier genannten Gesten häufen, muss dir bewusst sein, dass du und dein Hund ein größeres Problem haben. Dieses Buch stellt dann keine ausreichende Hilfestellung dar und du solltest unbedingt eine fachkundige Hundeschule aufsuchen.

01

DIE FÜHRUNGSANSAGEN®

— So sagt dein Hund dir, dass er führt

DEIN HUND BEWEGT DICH AKTIV WEG

01 ANBELLEN

Was macht der Hund?
Dein Hund bellt dich an. Hierbei geht es nicht um die Qualität des Bellens, sondern um die Richtung.

Wie reagierst du richtig?
Gehe nicht auf das Bellen ein, schick deinen Hund weg. Dreh dich nicht um, gehe nicht rückwärts.

02 ANSTARREN

Was macht der Hund?
Der Hund fixiert ein Gegenüber mit seinem Blick, um Abstand herzustellen.

Wie reagierst du richtig?
Lass dich nicht auf ein Battle ein. Sorge dafür, dass dein Hund seinen Blick abwendet. Wichtig: Diese Geste kann auch gefährlich werden. Bist du dir nicht sicher, ob dein Hund offensive Absichten mit dieser Geste verfolgt, drehe dich lieber weg und weiche. Suche dann aber unbedingt eine kompetente Hundeschule auf.

02

01

DEIN HUND BEWEGT DICH HEFTIG

01 TEMPO UND RICHTUNG VORGEBEN (HEFTIG)

Was macht der Hund?
Dein Hund zieht dich schwungvoll an der Leine hinter sich her, weil er willkürlich und rücksichtslos Tempo und Richtung wechselt.

02

Wie reagierst du richtig?
Folge ihm nicht und trainiere die Leinenführigkeit, indem du generell auf sein An-der-Leine-Ziehen reagierst und finde keine Ausreden für sein Handeln. Merke: Durch sein Ziehen darf dein Hund niemals dort ankommen, wo er hin möchte, denn mit jedem Erfolg wirst du sein Verhalten verstärken und dein Training zunichte machen.
Wenn meine Hunde ziehen, reagiere ich gern darauf, indem ich ihnen den Weg abschneide oder an der Leine den Rückruf trainiere (siehe auch S. 151 ff.).

02 HEFTIGES ANSPRINGEN

Was macht der Hund?
Dein Hund springt mit viel Motivation nach oben und vorwärts in dich hinein. Bei größeren Hunden fällt es schwer, sicher stehen zu bleiben und das Gleichgewicht nicht zu verlieren.

Wie reagierst du richtig?
Gib deinem Hund ein Kommando (bestenfalls Platz), das er normalerweise sehr gut befolgt, und bringe ihn so unter Kontrolle. Bewege dich in seine Richtung, weiche nicht und drehe dich nicht weg.

03 HEFTIGES ANREMPELN

Was macht der Hund?
Dein Hund rennt dich beispielsweise beim Spielen um. Bedenke: Hunde rennen selten gegen Bäume, also rennt er dich auch nicht aus Versehen um.

Wie reagierst du richtig?
Wenn möglich, agiere in die Richtung deines Hundes, bleibe standhaft und verschaffe dir Raum, indem du dich in seine Richtung bewegst oder ihn sogar wegschiebst. Denke auch hier an den Leitsatz: Wer weicht, der verliert.

04 REMPELN ODER DRÄNGELN BEI TREPPEN, TÜREN UND SCHMALEN DURCHGÄNGEN

Was macht der Hund?
Dein Hund versucht, vor dich zu kommen, dich anzurempeln oder dich dabei zur Seite zu schieben und nimmt dabei in Kauf, dass du stolpern bzw. stürzen könntest.

Wie reagierst du richtig?
Weiche deinem Hund nicht aus, sondern stoppe ihn ab. Ist er schon an dir vorbei, rufe ihn zurück und schicke ihn hinter dich, um dann geordnet weiterzugehen.

03

04

01

02

DEIN HUND ÜBERSCHREITET MASSIV DEINE GRENZEN

01 IM SCHRITT SCHNÜFFELN

Was macht der Hund?
Dein Hund steckt gezielt seine Nase in deinen Schritt.

Wie reagierst du richtig?
Schiebe seinen Kopf weg, gegebenenfalls kannst du einen Schritt auf ihn zugehen. Sollte er dieses Verhalten bei anderen Menschen zeigen, gib ihm ein Abbruch-Kommando und rufe ihn zu dir. Er darf danach sofort wieder Kontakt zu diesen Menschen aufnehmen, wenn du das möchtest. Falls er dieses Verhalten dann noch einmal zeigt, agierst du erneut wie oben beschrieben.

02 MAULKORB, MANTEL ODER GESCHIRR NICHT AKZEPTIEREN

Was macht der Hund?
Dein Hund wehrt sich gegen das Tragen dieser Dinge. Du kannst davon ausgehen, dass er sie als Einschränkung sieht.

Wie reagierst du richtig?
Wenn dein Hund daran gewöhnt wurde, solltest du dieses Verhalten ignorieren und ihn diese Dinge regelmäßig tragen lassen.

03 SICH SCHLECHT BEGRENZEN LASSEN

Was macht der Hund?
Dein Hund will nicht auf seinen Platz oder dort bleiben, wo du ihn hingeschickt hast.

Wie reagierst du richtig?
Regelmäßiges Üben. Beharrlich sein und dranbleiben (siehe S. 148 ff.).

03

Wie reagierst du richtig?
Du solltest üben, dass dein Hund sich von dir jederzeit und überall anfassen lässt. Bei aggressivem Verhalten unbedingt eine Hundeschule zurate ziehen. Hier ist ein Maulkorb zu empfehlen (siehe S. 155 ff.).

04

04 DEIN HUND BESTIMMT, WANN, WIE, WO UND VON WEM ER ANGEFASST WIRD

Was macht der Hund?
Dein Hund lässt es nicht zu, dass du ihn streichelst, wenn du es möchtest und schon gar nicht, wie du es gern möchtest. Auch wenn andere ihn kraulen, stellt er die Regeln auf.

05 ÜBER DEN MENSCHEN DRÜBER LAUFEN, SICH DARÜBER STELLEN ODER LEGEN

Was macht der Hund?
Dein Hund läuft, stellt oder legt sich über dich. Nicht aus Versehen, sondern bewusst. Der Hund trampelt im wahrsten Sinne des Wortes auf dir herum.

Wie reagierst du richtig?
Da es sich hierbei um ein sehr grenzüberschreitendes Verhalten handelt, solltest du deinen Hund bewusst wegschubsen. Dabei sollte der Hund deinen Unmut merken.

05

01

DEIN HUND DROHT DIR GEGENÜBER

Luft schnappen oder Nachschnappen
Dein Hund schnappt in deine Richtung, ohne dich dabei zu berühren.

Drohen
Zähnefletschen, Knurren, Anstarren oder andere Drohgebärden in deine Richtung.

Arm kauen
Dein Hund nimmt deinen Arm ins Maul. Der Kieferdruck kann variieren. Diese Geste ist nicht zu verwechseln mit dem Liebesknabbern, wo nur die Vorderzähne eingesetzt werden.

Mit geschlossenem Maul bei Korrektur stoßen
In einem Konflikt stoßt dein Hund mit geschlossenem Maul gegen dich.

Zeigt dein Hund solche Verhaltensweisen dir gegenüber, suche bitte professionelle Hilfe, die dich, deinen Hund und die Situation einschätzen kann. Gewöhne deinen Hund auch an einen Maulkorb, damit es zu keiner Beschädigung kommt (siehe S. 155 ff.).

DEIN HUND KOMPROMITTIERT DICH UND FÜHRT DICH VOR

01 MENSCHEN ANPINKELN

Was macht der Hund?
Dein Hund setzt seine Duftmarke an dir und kompromittiert dich auf diese Art.

02

Wie reagierst du richtig?
So schnell wie möglich reagieren. Mach deinen Unmut klar. Schicke ihn sehr überzeugend von dir weg.

02 AUFREITEN

Was macht der Hund?
Dein Hund rammelt dein Bein bzw. deinen Arm oder reitet bei dir auf. Auf dem Foto sieht man eine Hündin, die auf einer anderen Hündin aufreitet.

Wie reagierst du richtig?
Nimm den Hund von dir herunter und schubs ihn weg. Auch hier solltest du deinen Unmut kundtun.

DEIN HUND SCHRÄNKT DICH EIN

01 – 02 KLAMMERN

Was macht der Hund?
Dein Hund umgreift druckvoll mit beiden Pfoten deinen Arm, dein Bein oder ein anderes Körperteil von dir.

Wie reagierst du richtig?
Löse die Umklammerung und schiebe deinen Hund druckvoll von dir weg. Denke daran, die umklammerten Körperteile nicht wegzuziehen.

01

02

DEIN HUND STELLT EINE ANFRAGE NACHHALTIG

01 BEDRÄNGEN

Was macht der Hund?
Dein Hund unterschreitet nachdrücklich deine Individualdistanz. Er kommt zum Beispiel schwungvoll mit der Nase unter die Kaffeetasse, sodass du den Kaffee verschüttest.

Wie reagierst du richtig?
Auch hier solltest du darauf achten, dass du nicht weichst. Schiebe deinen Hund weg und bringe ihn auf Abstand. Oft ist es auch gut, verbal etwas Empörung auszudrücken.

02 NACHHALTIG ZUM SPIEL AUFFORDERN

Was macht der Hund?
Obwohl du klar machst, dass du nicht spielen möchtest, gibt dein Hund alles, um dich davon zu überzeugen, doch mit ihm zu spielen. Grenzüberschreitende Führungsgesten sind dabei an der Tagesordnung.

Wie reagierst du richtig?
Je nachdem, wie heftig die Aufforderung ist, reicht es, wenn du deinen Hund ignorierst. Wird die Aufforderung jedoch körperlich, musst du Abstand zu deinem Hund herstellen, indem du ihn wegschickst.

01

02

01

DEIN HUND KONTROLLIERT DEINE BEWEGUNGEN ODER DIE UMGEBUNG

02

03

01–03 KONTROLLVERHALTEN IN DER GRUPPE

Was macht der Hund?
Dein Hund duldet nicht, wenn sich aus eurer Gruppe jemand entfernt. Genauso bereitet es ihm Probleme, in einer Gruppe hinten laufen zu müssen.

Wie reagierst du richtig?
Das Unterbinden dieser Führungsgeste musst du trainieren. Der Rückruf und die Leinenführigkeit sind schon mal ein guter Anfang (siehe S. 140 ff.).

04

04 BESUCH LAUTSTARK EMPFANGEN UND SICH NICHT BERUHIGEN

Was macht der Hund?
Dein Hund reagiert auf Besuch übertrieben, bellt und dominiert den Besuch auf verschiedene Arten und Weisen. Er lässt sich von dir nicht beruhigen.

Wie reagierst du richtig?
Schicke ihn auf einen vorher festgelegten Platz, wo er bleiben muss, bis er abgeholt wird. Leine ihn gegebenenfalls an.

05

05 SCHLECHT ALLEINE BLEIBEN

Was macht der Hund?
Dein Hund zerstört Sachen, bellt dauerhaft, jammert, schreit oder zeigt auf andere Art und Weise seinen Unmut, wenn du ihn alleine lässt. Sollte dein Hund Verlustängste haben, wird er gerade im Feld und im Wald, auch ohne Leine, dicht bei dir bleiben, um dich außerhalb seines gewohnten Territoriums nicht zu verlieren.

Wie reagierst du richtig?
Im Idealfall gehst du erst wieder zu deinem Hund, wenn dieser das unerwünschte Verhalten nicht mehr zeigt bzw. ruhig ist. Das Alleinbleiben musst du gezielt trainieren.

06

06 BESUCH KONTROLLIEREN ODER DOMINIEREN

Was macht der Hund?
Dein Hund nimmt deinen Besuch mit einer Potpourri an Führungsgesten in Empfang.

Wie reagierst du richtig?
Gib deinem Hund ein Kommando (bestenfalls Platz), das er sehr gut befolgt und mit dem du ihn so unter Kontrolle bringen kannst. Alternativ kannst du ihn auf einen Platz schicken, auf dem er bleiben muss, bis er sich beruhigt hat (siehe S. 148 ff.).

07

07 EIFERSUCHT

Was macht der Hund?
Dein Hund duldet es nicht, wenn du dich mit anderen Individuen beschäftigst. Zum Beispiel darfst du keinen anderen Hund streicheln.

Wie reagierst du richtig?
Schieb deinen Hund weg, unterbreche dabei deinen Kontakt zu dem anderen Individuum nicht.

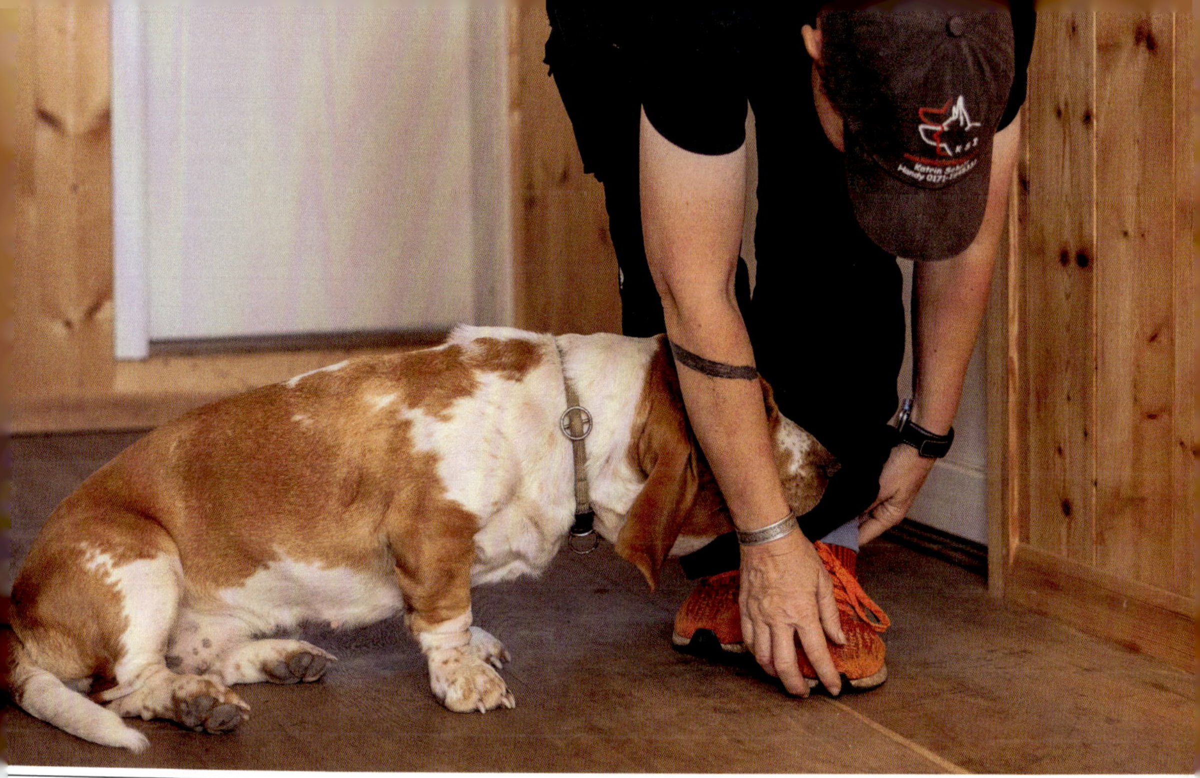

08

08 MENSCH(EN) IM HAUS BZW. DIE UMGEBUNG DRAUSSEN KONTROLLIEREN

Was macht der Hund?
Dein Hund folgt dir im Haus auf Schritt und Tritt. Die Umgebung draußen beobachtet er gewissenhaft.

Wie reagierst du richtig?
Im Haus solltest du deinen Hund stets wegschicken und dazu animieren, sich hinzulegen. Draußen solltest du immer wieder seine Aufmerksamkeit einfordern und so sein kontrollierendes Verhalten unterbrechen.

09 UMKREISEN BZW. ZUSAMMENHALTEN

Was macht der Hund?
Dein Hund zeigt Hüteverhalten. Werdet ihr beim Spaziergang begleitet, umkreist dein Hund euch hochmotiviert. Es spielt keine Rolle, ob dein Hund einer Hütehundrasse angehört.

Wie reagierst du richtig?
Unterbreche die Bewegung deines Hundes. Du kannst das Verhalten verbieten, deinen Hund an die Leine nehmen, oder ihm einen Platz zuweisen.

09

01

02

03

DEIN HUND SETZT SEINE BELANGE KOMPROMISSLOS DURCH

01 HEFTIGES ZIEHEN AN DER LEINE

Was macht der Hund?
Ruckartiges Ziehen, dein Hund macht einen Satz nach vorne, wohl wissend, dass du die Leine fest in deiner Hand hältst.

Wie reagierst du richtig?
Stolpere nicht hinterher, sondern hole deinen Hund sofort mit der Leine zu dir, dann bringst du ihn hinter dich oder ins Sitz oder Platz. Wirke empört und mache ihm klar, dass sein Verhalten nicht korrekt war.

02 – 03 DINGE SICHERN, VERTEIDIGEN ODER NICHT HERGEBEN

Was macht der Hund?
Dein Hund beansprucht Dinge. Beim Spiel sichert er zum Beispiel den Ball, indem er ihn nimmt und damit wegrennt. Du darfst beispielsweise seinem Stofftier nicht zu Nahe

kommen. Beim Apportierspiel lässt er nicht zu, dass du ihm sein Apportel abnimmst. Das alles findet ohne Drohung statt!

Wie reagierst du richtig?
Wie bei allen Gesten ist es hier wichtig, situativ angemessen zu agieren. Leine deinen Hund erst einmal an, damit er mit seinem Spielzeug nicht wegrennen kann. Sollte dein Hund sein Spielzeug nicht hergeben, solltest du unter professioneller Anleitung ein Ressourcentraining durchführen.

01

DEIN HUND BOYKOTTIERT DEINE FÜHRUNGSANSAGEN®

01–04 SICH GEGEN KORREKTUR STEIF MACHEN ODER WEHREN

Was macht der Hund?
Dein Hund setzt sein gesamtes Körpergewicht ein, um dich daran zu hindern, deine Belange durchzusetzen.

Wie reagierst du richtig?
Hier ist Durchhaltevermögen gefragt. Du setzt deine Bemühungen so lange fort, bis dein Hund weich wird und nachgibt.

Wichtig zu beachten!
Diese Handlungsanweisungen setzen einen souveränen Menschen voraus und einen Hund, der Vertrauen aufgebaut hat. Diese Hunde kann man mit Konsequenz, Klarheit und Ruhe von diesen unerwünschten Verhaltensweisen abbringen.
Sollte dein Hund jedoch mit Drohen reagieren, brich deine Handlung sofort ab und suche dir professionelle Hilfe.

02

03

DIE FÜHRUNGSAUSSAGE®

WENN DEIN HUND SICH FÜR DEN KÖNIG HÄLT

WAS IST EINE FÜHRUNGSAUSSAGE®?

Im Gegensatz zur Führungsanfrage® oder Führungsansage® ist die Aussage keine Kommunikation mit dir. Der Hund teilt der Allgemeinheit und natürlich auch dir mit, dass er denkt, alles hier sei super – mit ihm an der Spitze versteht sich. Dein Hund sendet ein Statement an alle: *„Ich habe mich umgesehen, ich bin der Geilste hier!"* Diese Gesten setzt dein Hund, da er nichts verändern und seinen Status in die Welt hinausposaunen möchte. Dein Hund setzt sich in Szene und zwar so, dass es von vielen wahrgenommen werden kann. Großzügiges bzw. bedeutsames Verteilen von Gerüchen oder zentral Dinge tun, die Aufmerksamkeit erregen, gehören zu den häufigsten Erkennungsmerkmalen der Führungsaussagen®. Selbst ein goldiges Wälzen inmitten einer Geburtstagsgesellschaft ist eine strategisch gut gewählte Führungsaussage®.

WIE ERKENNST DU EINE FÜHRUNGSAUSSAGE®?

1. Dein Hund verteilt gezielt und großräumig Duftmarken, sei es mit Urin, Kot oder Analdrüsensekret, an zentralen Orten. So ist es für viele sicht- und riechbar. Das Statement ist somit für alle, die später an dieser Stelle vorbeikommen, wahrnehmbar. Bei Spaziergängen zum Beispiel, setzt der Hund Duftmarken gern mitten in Wegkreuzungen.

2. Dein Hund setzt sich in Szene, stellt sich zur Schau, sodass es von vielen wahrnehmbar ist. Ihr steht beispielsweise bei einer Grillparty im Kreis und dein Hund geht in die Mitte der fröhlichen Runde und wälzt sich.

3. Dein Hund nimmt sich Dinge heraus, die nicht korrekt sind, ohne dabei mit jemandem zu kommunizieren. Zum Beispiel räumt er den Mülleimer aus, während er alleine gelassen wurde, obwohl er weiß, dass er das nicht darf.

WIE GEHST DU MIT EINER FÜHRUNGS-AUSSAGE® UM?

Führungsaussagen® sollten immer unterbunden werden. Da dein Hund nicht mit dir spricht und diese Gesten schon sehr viel über seine überzogene Einschätzung seiner Führungsfähigkeit aussagen, musst du beim Unterbinden unglaublich souverän und ein wenig überheblich sein.
Meine Wortkreation „zugewandte Empörtheit" trifft hier am besten zu. Du solltest somit beim Unterbinden ein leichtes Lächeln im Gesicht haben, um deinem Hund klarzumachen, dass er dich damit nicht beeindruckt. Denn du siehst ihn (hoffentlich) nicht dort, wo er sich selbst sieht – nämlich als Kleinkönig, über sein selbst ernanntes Königreich.
Denke immer daran: Eine Führungsaussage® macht dein Hund, um der Welt mitzuteilen: *„Ich bin der Coolste hier!"* Deine Aufgabe ist es, ihm freundlich, aber bestimmt zu zeigen: *„Netter Versuch, Kumpel, aber hier bin ich immer noch weitaus cooler als du!"*

KANNST DU FÜHRUNGSAUSSAGEN® SENDEN?

Auch als Mensch wäre es sinnvoll, Führungsaussagen® zu senden. Da es gegen die Etikette wäre, müssen wir uns eigentlich dagegen entscheiden.

Rüde Apache nutzt die Gelegenheit und markiert direkt neben einer Sitzbank. So stellt er sicher, dass sein Duft von vielen wahrgenommen werden kann.

DIE FÜHRUNGSAUSSAGEN®

— *So zeigt dein Hund, dass er der Meinung ist, er führt*

01

02

DEIN HUND VERTEILT GEZIELT UND GROSSRÄUMIG DUFTMARKEN

01 – 02 GEZIELTES PLATZIEREN ODER ZUR-SCHAU-STELLEN VON KOT UND URIN

Was macht der Hund?

Dein Hund setzt zum Markieren sowohl Kot als auch Urin ein. Großflächiges Verteilen und gezieltes Platzieren seiner Exkremente ist das Ziel. Du findest seine Duftmarken an unnormalen Stellen, auf Wegkreuzungen und Gehwegen, zentral an erhöhten Stellen und über anderen Duftmarken.

Um seinen Duft großflächig zu verteilen, markiert er übermäßig viel, scharrt nach dem Pinkeln oder Kotabsetzen, läuft beim Sich-Lösen weiter oder im Kreis.

Wie reagierst du richtig?

Mach deinem Hund souverän klar, dass du dieses Verhalten nicht duldest.

01

02

03

DEIN HUND SETZT SICH IN SZENE

01 ZU GROSSER ODER KONSTANTER ABSTAND BEIM SPAZIERGANG

Was macht der Hund?
Dein Hund bestimmt selbst, wo er sich bei eurem Spaziergang aufhält und vermittelt so Außenstehenden, dass ihr nicht zusammengehört.

Wie reagierst du richtig?
Rufe deinen Hund regelmäßig zu dir und bringe dich so in seinen Spaziergang mit ein.

02 ANFANGEN ZU SPIELEN/SACHEN TRAGEN, WENN JEMAND KOMMT

Was macht der Hund?
Wenn du nach Hause kommst oder Besuch empfängst, setzt der Hund sich durch Übersprungshandlungen in Szene. Er geht zum Futter- oder Trinknapf, trägt Sachen umher oder fordert zum Spiel auf.

Wie reagierst du richtig?
Das betreffende Futter oder Spielzeug oder die Sachen, die er herumträgt, wegnehmen und für einige Zeit nicht wieder zur Verfügung stellen.

03 GOCKELN/BAGGERN

Was macht der Hund?
Dein Hund setzt sich durch imponierendes Verhalten in Szene.

Wie reagierst du richtig?
Mach ein paar Übungen mit ihm, damit er das imponierende Verhalten vergisst.

04 FUTTER DEMONSTRATIV STEHEN LASSEN

Was macht der Hund?
Dein Hund zeigt sich kurz interessiert am Futter, nimmt eventuell ein, zwei Brocken, entfernt sich aber dann. Gern wird diese Geste auch als „wählerisch sein" abgetan.

Wie reagierst du richtig?
Natürlich solltest du vorher abklären, ob das Verhalten deines Hundes keinen gesundheitlichen Hintergrund hat. Ist dein Hund also gesund, solltest du, sobald sich dein Hund vom Napf entfernt, diesen wegstellen. Bei der nächsten Fütterung wird die Menge weder erhöht noch angepasst.

05 UNAUFGEFORDERTES EINNEHMEN VON ERHÖHTEN LIEGEPLÄTZEN

Was macht der Hund?
Dein Hund sucht sich gezielt erhöhte Liegeplätze, damit er einen besseren Überblick hat und von Außenstehenden gut wahrgenommen werden kann.

Wie reagierst du richtig?
Überlege noch einmal, ob du ihm gegebenenfalls eine Aufforderung gegeben hast, ansonsten musst du ihn runterschicken. Bestenfalls hast du bereits eine Hausleine an deinem Hund, damit du entspannt die Leine nehmen und ihn herunterführen kannst.

04

05

06

06 LIEGEPLÄTZE ZENTRAL ODER IN DER NÄHE VON AUSGÄNGEN

Was macht der Hund?
Um Ressourcen zu verwalten und sein Territorium bestmöglich im Blick zu haben, wählt dein Hund seine Ruheplätze so, dass ihm diese Aufgabe durch seinen Aufenthaltsort erleichtert wird.

Wie reagierst du richtig?
Weise deinem Hund Liegeplätze zu, die etwas abseits sind, damit er nicht alles im Blick hat. Beachte allerdings, diese Plätze so zu wählen, dass dein Hund nicht das Gefühl bekommt, ausgegrenzt zu werden.

DEIN HUND NIMMT SICH DINGE HERAUS, DIE NICHT KORREKT SIND

Dieses Thema ist höchst individuell, da jedes Mensch-Hund-Team selbst festlegt, was nicht korrekt ist.
Ein Beispiel: Der Hund einer Kundin hat sich gern die Kissen vom Sofa geklaut und hat diese dann auf die Fensterbank gelegt, um es sich anschließend auf den Kissen so richtig gemütlich zu machen. So, dass es von allen wahrgenommen werden konnte. Der Hund wusste genau, dass es erstens nicht korrekt ist, auf das Sofa zu hüpfen und zweitens sich die Kissen zu klauen.

DIE FÜHRUNGSABGABE®

WENN DEIN HUND DIR VERTRAUT

WAS IST EINE FÜHRUNGSABGABE®?

Eine Führungsabgabe® ist der Moment, in dem der Hund beschlossen hat, nicht zu führen. Häufig ist es auch ein wunderschöner Vertrauensbeweis deines Hundes an dich.
Dein Hund ist in einer Situation überfordert und zeigt diese Geste freiwillig, um auszudrücken, dass er dir höhere Kompetenzen zuordnet als sich selbst. Diese Gesten sprechen für gewöhnlich für eine gute Bindung. Leider kann man dieses Verhalten auch durch Gewalt erzwingen und so werden Führungsabgaben® häufig von Außenstehenden missverstanden.

Die eingeklappte Pfote verdeutlicht, dass Beatrix gern die Führung in kompetente Hände abgibt.

WIE ERKENNST DU EINE FÜHRUNGSABGABE®?

1. Dein Hund rückt in die zweite Reihe. Dein Hund orientiert sich an deinem Standort und begibt sich, ganz oder seitlich versetzt von dir, hinter dich. So bringt dein Hund dich durch dein Weiter-vorne-Stehen in die Zuständigkeit und signalisiert: *„Sei nicht feige, lass mich hinter dem Baum."*

2. Dein Hund weicht freiwillig. Wenn du in seine Richtung gehst, zeigt er keine Unsicherheit oder Angst und geht ganz vertrauensvoll zur Seite, macht dir Platz.

3. Dein Hund zeigt vorgezogenen Gehorsam. Wenn dein Hund schon weiß, was du als nächstes von ihm erwartest, zeigt er dieses Verhalten bereits, ohne von dir einen Auftrag dazu bekommen zu haben. Beispielsweise setzt er sich schon einige Meter vor dem Bordstein hin, weil er weiß, dass er sich am Bordstein immer setzen soll.

4. Dein Hund nimmt sich zurück. Dies kann am besten durch den Fachbegriff „Impulskontrolle" beschrieben werden. Anstatt einem Reiz nachzugehen, zeigt dein Hund antrainiertes Verhalten. Bei der Führungsabgabe® macht er dies freiwillig und ohne Hilfsmittel.

Vertrauensvoll lässt sich Hündin Bubbles inmitten der Hundegruppe durchknuddeln. Sie weiß, sie kann sich in Katrins Armen fallen lassen.

5. Dein Hund ist bei Berührung weich und nachgiebig. Wenn du ihn berührst, zeigt sich dein Hund sehr zugewandt, freut sich über den physischen Kontakt und gibt deiner Hand in jede Richtung nach.

Eine Führungsabgabe® ist geprägt von Ernsthaftigkeit und Ruhe. Sie ist niemals übertrieben. Aus jeder Pore spricht das Vertrauen deines Hundes.

WIE GEHST DU MIT EINER FÜHRUNGS-ABGABE® UM?

Zeigt dein Hund eine Führungsabgabe®, hast du einen Job. Um das Vertrauen deines Hundes nicht zu enttäuschen, musst du dich bemühen, die Situation so zu lösen, dass dein Hund weiß, dass es richtig war, dir die Führung zu überlassen.

Sollte dein Hund dich bereits als führungskompetent eingeordnet haben, wird er Führungsabgaben® häufig in entspannten Situationen zeigen. Vermittle deinem Hund, dass du sehr glücklich über sein Vertrauen in deine Führung bist. Sollte dich eine Situation überfordern, weil du dir nicht klar bist, ob du deinen Hund schützen kannst, darfst du mit einer Führungsabgabe® reagieren und deinem Hund so klar machen, dass du ihm nicht helfen kannst. Dies stärkt sogar sein Vertrauen, denn er merkt, dass du nur Führungsanspruch annimmst oder erhebst, wenn du außer Zweifel bist, dass du die Situation für euch sicher lösen kannst.

Führungsabgaben® sind ein Geschenk deines Hundes. Diese Gesten sprechen für gewöhnlich für eine gute Bindung. Das heißt, dein Hund hat großes Vertrauen zu dir und darf in diesem nicht erschüttert werden. Das ist eine große Verantwortung für dich!

GENERELLE FÜHRUNGSGESTEN

WENN DEIN HUND DIE BEZIEHUNG HINTERFRAGT

WAS IST EINE GENERELLE FÜHRUNGSGESTE?

Für generelle Führungsgesten ist das Stresslevel deines Hundes beim Senden der jeweiligen Geste federführend. Eine generelle Führungsgeste sendet dein Hund, wenn er sich seiner selbst sicher ist. Ein souveräner Hund kann sich sogar in sehr stressigen Situationen sicher fühlen, was bei einem unsicheren Hund niemals möglich wäre. Generelle Führungsgesten sind immer auf eure Beziehung bezogen. Häufig zeigt dein Hund sie im Haus oder auf der Stammgassistrecke, wo alles so wie immer abläuft, aber auch in Stresssituationen, wenn sich dein Hund nicht gefordert fühlt.

WIE ERKENNST DU SIE?

Da generelle Führungsgesten sich immer auf die Beziehung beziehen, findest du sie vorwiegend bei den Führungsansagen® und Führungsaussagen®, seltener bei den Fragen und Abgaben.

Vidocq schaut genau, was auf „seinem" Tisch steht.

Auch süß Schauen und unser gutes Gefühl schmälern nicht die eigentliche Aussage.

WIE SIND SIE ZU VERSTEHEN?

Generelle Führungsanfrage®: Bei generellen Führungsanfragen® geht es um wesentlich mehr als nur einzelne Situationen. Dein Hund spürt, dass eure Beziehung noch Klärungsbedarf hat – besonders in der Frage, wer Halt gibt und wer Halt empfängt. Dies mag zunächst nebensächlich erscheinen, aber versuche mal, dich in die Lage deines Hundes zu versetzen:
Dein Hund sendet dir wiederholt eine generelle Führungsanfrage®, um die Führungsrolle zu klären. Da du diese Geste falsch interpretierst und nicht angemessen darauf antwortest, schlussfolgert dein Hund, dass du keinen Führungsanspruch hast. Zur Absicherung wiederholt er diese Geste, um deine vorherige Reaktion zu überprüfen. Bleibt eine adäquate Antwort weiterhin aus, verfestigt sich bei deinem Hund die Annahme, dass du keine Führungsrolle übernehmen möchtest.
Verlasst ihr dann das Haus, dein Hund ist angeleint, versucht er, Richtung und Tempo nach seinen Vorstellungen zu bestimmen. Du wiederum kämpfst darum, deine Vorstellungen von einem schönen Spaziergang durchzusetzen. Weil ihr beide völlig verschiedene Vorstellungen von eurem Spaziergang hattet, kehrt ihr frustriert nach Hause zurück. Ich bin mir sicher, wenn ich fragen würde, würdet ihr mir beide die gleiche Antwort geben: *„Zuhause läuft es sehr gut, nur draußen ist es eine Katastrophe!“* Verunsichert beginnt dein Hund den Kreislauf von vorn, mit weiteren generellen Führungsanfragen® – in der Hoffnung, dass du dieses Mal angemessen reagierst und er dich endlich versteht.

Generelle Führungsanfragen® sind wie Puzzleteile eines Gesamtbildes, mit Hilfe derer der Hund einzuschätzen versucht, wo wer steht.

Generelle Führungsansage® und -aussage: Weil Ansagen und Aussagen sehr eindeutige Statements sind, muss man sie meistens als generell bewerten. Dennoch ist es wichtig, immer genau hinzusehen.

Generelle Führungsabgabe®: Ähnlich wie bei der generellen Führungsanfrage® geht es hier um das Umfeld und darum, ob dein Hund sich sicher fühlt. Fühlt dein Hund sich sicher und sendet dann eine Führungsabgabe®, hat er für sich abgespeichert, dass du in eurer Beziehung führst und er dir vertrauen kann.

Es gibt keinen Grund, die gemeinsame Zeit nicht zu genießen.

TEMPORÄRE FÜHRUNGSGESTEN

WENN DEIN HUND IN DER SITUATION UNSICHER IST

WAS IST EINE TEMPORÄRE FÜHRUNGSGESTE?

Eine temporäre Führungsgeste sendet der Hund immer dann, wenn er nicht sicher ist. Diese Geste wird nur gesendet, um in einer bestimmten Situation die Zuständigkeit zu klären. Temporäre Führungsgesten sind demnach immer situationsbezogen und deine Entscheidung. Wie du damit umgehst, hat nichts damit zu tun, wie dein Hund dich in eurer Beziehung sieht bzw. einordnet.

Eine TEMPORÄRE Führungsgeste soll ausschließlich eine Situation klären.

WIE ERKENNST DU SIE?

Da temporäre Führungsgesten sich immer auf eine bestimmte Situation beziehen, findet man sie vorwiegend bei den Führungsanfragen® und -abgaben®. Für gewöhnlich befindest du dich mit deinem Hund in ungewohnter Umgebung oder dein Hund möchte die Zuständigkeit in gewissen Situationen mit dir klären, womit er deutlich macht, dass er keinen Raum für Diskussionen lässt. Führungsanfragen® und Führungsabgaben® betreffen nur dann die Beziehung zu deinem Hund, wenn sie in gewohnter bzw. entspannter, nahezu gemütlicher Atmosphäre kommuniziert werden.

WIE SIND SIE ZU VERSTEHEN?

Temporäre Führungsanfrage®: Bei temporären Führungsanfragen® geht es generell nur um einzelne Situationen. Dein Hund fühlt sich in bestimmten Situationen gefordert und fragt an, wer jetzt die Verantwortung trägt.

Temporäre Führungsansage®: Temporäre Führungsansagen® sendet dein Hund, wenn er verzweifelt ist. Oft konnte ich dies beobachten, wenn Hunde in Panik geraten oder aus anderem Grund verzweifelt nach Hilfe suchen. Der Hund sendet dann eine Ansage, damit du reagieren musst und ihm damit beweist, dass du noch Führungsfähigkeit besitzt. Nur so kannst du ihm in dieser Situation Halt geben. Es ist fatal, in diesen Situationen diese Geste aus Mitgefühl oder anderen Beweggründen zu übergehen, denn du vermittelst so deinem Hund, dass du ihm keinen Halt geben kannst. Er ist somit mit der Situation alleine. Es ist wahrscheinlich, dass seine Angst bzw. Verzweiflung sich steigert.

Temporäre Führungsaussage®: Temporäre Führungsaussagen® kommen sehr selten vor. Ein überforderter Hund sendet gelegentlich diese Gesten, wenn viele fremde Individuen zugegen sind, weil er hofft, dass er diese so punktuell beeindrucken kann. Temporäre

Führungsaussagen® sind meistens Übersprungshandlungen.

Temporäre Führungsabgabe®: Temporäre Führungsabgaben® sendet der Hund, wenn er gewisse Situationen klären möchte. Hier hat der Hund beschlossen, dass er nicht führen will und dir mehr zutraut, als sich selbst.

WIE UNTERSCHEIDEST DU SIE VONEINANDER?

Merke dir am besten diese Faustregeln:

— Ist alles ruhig und entspannt und/oder befindet ihr euch in gewohnter Umgebung? Dann ist es wahrscheinlich eine generelle Führungsgeste.
— Passiert gerade etwas Aufregendes oder Unerwartetes? Dann ist es eher eine temporäre Führungsgeste.

WAS BEDEUTET DAS FÜR DICH?

Indem du lernst, zwischen temporären und generellen Führungsgesten zu unterscheiden, kannst du viel besser einschätzen, was in deinem Hund vorgeht. Ist er gerade nur von der Situation überfordert? Oder stellt er grundsätzlich eure Beziehung infrage?
Bei einer temporären Führungsgeste musst du nur reagieren, wenn du übernehmen kannst und und das auch möchtest. Bei einer generellen Führungsgeste solltest du immer reagieren!

Mit diesem Wissen kannst du gezielter handeln und deinem Hund die Führung und Sicherheit geben, die er in dem Moment braucht. Ob generell oder temporär – wichtig ist, dass du die Signale deines Hundes erkennst und angemessen darauf reagierst.

Ein Verhalten, das du nicht einordnen kannst, kann eine temporäre Führungsgeste sein.

Bommel springt den Besuch an, um nachzufragen, was ihre Aufgabe in diesem Moment ist.

FÜHRUNG BEDEUTET ENTWICKLUNG – ES IST KEINE MOMENTAUFNAHME

Spreche ich über Führungsgesten bei Hunden, ist es unerlässlich, Führung zu verstehen. Dieser Begriff ist entscheidend für eine harmonische Mensch-Hund-Beziehung. Und die Krux ist, man kann sie nicht punktuell trainieren, man muss sie leben.
Führung wird oft missverstanden und mit Unterdrückung gleichgesetzt. Doch wahre Führung hat nichts mit Unterdrückung zu tun. Stattdessen geht es darum, dem Gegenüber ein Gefühl von Sicherheit und Vertrauen zu vermitteln. **Ein führungskompetenter Mensch ist für einen Hund wie ein großes Vorbild, das sein Gegenüber an die Hand nimmt und ihm die Welt erklärt, ihm die Umgebung näherbringt und ihm hilft, sich zurechtzufinden.**

SOUVERÄNE FÜHRUNG

Souveränität spielt eine zentrale Rolle. Eine souveräne Führungsperson steht mit beiden Beinen fest im Leben, behält auch in Stresssituationen einen kühlen Kopf und kann gut mit anderen kommunizieren. Diese Souveränität vermittelt dem Hund ein Gefühl von Sicherheit und Vertrauen.

Ich frage mich immer wieder, warum das Wort Führung bei mir eher ein wohliges Gefühl auslöst als das Gefühl von Unterdrückung oder Unwohlsein. Ich denke, dass ich den Grund in meiner Kindheit finden kann. Ich habe sehr fürsorgliche Eltern und eine fürsorgliche Oma gehabt, leider leben mein Vater und meine Oma nicht mehr. Mein Vater war ein sehr sportlicher und extrem starker Mann. Bei aller Stärke war er immer liebevoll und hat mir nie Angst gemacht. Seine Kraft hat er immer ganz gezielt und nie gegen mich eingesetzt. Ich war immer sehr stolz, so einen tollen Vati zu haben. Besonders habe ich es genossen, wenn er mich mit aller Kraft an sich gedrückt und mir so klargemacht hat, dass er mich gegen die ganze Welt verteidigen könnte. Ich habe es immer als etwas sehr Positives empfunden, wenn mein Vater mich an sich

Katrins Punktestand ist Rüde Victor ganz klar. Er ist mit seiner Aufmerksamkeit ganz bei Katrin und folgt ihr bereitwillig auch im Freilauf.

gezogen und mit einem liebevollen Lächeln gesagt hat, „Das schaffst du schon, mein Tochterchen". Er gab mir durch diese Kraft unglaublich viel Halt und die Führung, die von ihm ausging, habe ich nie als negativ empfunden. Stattdessen gab er mir das Gefühl, dass ich mich einfach auf ihn verlassen konnte und er mich immer beschützen könne. Ich konnte so ein unglaubliches Selbstbewusstsein aufbauen und hatte nur selten vor etwas Angst.
Meine Mutter und meine Oma gaben mir immer auf mentaler Ebene unglaubliche Unterstützung, dennoch hätte ich die Kraft meines Vaters niemals missen wollen, dieses Gefühl von Sicherheit war einfach wundervoll und ich habe es genossen. Deshalb ist es für mich fast unbegreiflich, dass man Führung als etwas Schlechtes ansehen könnte oder mit Unterdrückung gleichsetzt.

In der Mensch-Hund-Beziehung bedeutet Führung, dem Hund zu vermitteln: „*Verlass dich auf mich. Du kannst mir folgen.*" Es geht darum, den Hund so kompetent und glaubwürdig zu führen, dass er sich gern führen lässt – nicht aus Angst, sondern, weil er sich geborgen fühlt.
Führung erlangt man nicht, indem man punktuell den Hund beeindruckt, sondern vielmehr kommt es darauf an, dem Hund in der Gänze zu vermitteln, dass man sozialkompetent und führungsfähig ist, aber seine eigenen Belange wohlwollend und dennoch kompromisslos durchsetzt. Diese Kompetenzen muss mein Hund mir zuschreiben.

FÜHRUNG DURCH „PUNKTEKONTO"?

Genau genommen kann man sich das so vorstellen, als hätte man eine Art „Punktekonto". Und das funktioniert so: Jedes Individuum hat ein eigenes Punktekonto und es geht darum, mehr Punkte zu haben als sein Gegenüber, um glaubwürdig in dieser Konstellation die Führung zu übernehmen. Das Punktekonto kann wachsen, indem man Punkte sammelt, weil man situativ sehr

gute Entscheidungen trifft bzw. für seinen Hund da ist, aber auch, indem man auf Führungsgesten richtig reagiert. Genauso kann man durch falsche Entscheidungen oder Handlungen Punkte verlieren. Genau genommen ist es also ganz einfach: Das Individuum mit den meisten Punkten auf dem Konto führt und das Individuum mit weniger Punkten auf dem Konto gibt gern und freiwillig diesen Posten frei.
Sendet dein Hund zum Beispiel eine Führungsanfrage®, kannst du unterschiedlich damit umgehen. Unterbindest du die Führungsanfrage® adäquat, wächst dein Punktekonto. Reagierst du allerdings darauf, indem du zum Beispiel weichst, machst du unterbewusst eine Führungsabgabe® und verlierst Punkte. Damit ihr eine Idee davon bekommt, hier ein paar Beispiele wie man seinen Punktestand erhöhen kann.

Der Jackpot: Ich setze mich auf mein Sofa und mein Hund springt mir ungefragt auf den Schoß; ich nehme ihn, setze ihn ab und vermittle ihm *„Hey, so nicht und alles zu seiner Zeit"*. Dann sind wir draußen unterwegs und uns kommt eine Kindergartengruppe entgegen. Ich stelle mich an den Rand, schiebe meinen Hund hinter mich und sorge dafür, dass die Kinder an uns vorbeilaufen, ohne dass mein Hund sich bedrängt fühlt oder denkt, er müsse flüchten.

Punkteverlust: Punkte verloren hätte ich in diesen beiden Fällen, wenn ich meinem Hund vermittelt hätte *„Ach, wenn du jetzt eh schon auf meinem Schoß sitzt, dann kann ich dich auch streicheln – war zwar eigentlich nicht mein Plan, aber was soll's?!"*
Hätte ich mich bei der KiTa-Gruppe an den Rand gestellt und meinen Hund einfach

Hündin Wonka legt sich auf die Aufforderung hin ins Platz.

In diesem Fall darf sie sich auch in den Weg legen, da sie der Aufforderung folgt.

„dumm“ rumstehen lassen, wäre er vielleicht in eine Lage geraten, in der er selbst hätte entscheiden müssen, wie er sich helfen kann und vielleicht hätte er eine schlechte Entscheidung getroffen.

DAS UNBEMERKTE PUNKTEKONTO IM ALLTAG

Genau genommen haben wir es viel einfacher als wir denken, unser Punktekonto ohne viel Aufwand im Alltag aufzubauen. Allein durch die Tatsache, dass wir entscheiden, wann es zum Spaziergang geht oder wann es Futter gibt, aktivieren wir den Hund jedes Mal und stocken somit unser Punktekonto auf. Wenn wir elementare Aspekte im Leben des Hundes initiieren und kontrollieren, senden wir bereits die ersten Führungsgesten – ohne uns dessen überhaupt bewusst zu sein.

Somit ist es keine Führungsgeste und sie wird für die Ausführung gelobt.

Darüber hinaus senden wir auch jedes Mal Führungsgesten, wenn wir einfach nur Kommandos geben. Es mag nicht besonders elegant klingen, aber tatsächlich ist es so: Wenn wir beispielsweise unserem Hund ein „Leg dich“ geben, veranlassen wir ihn, etwas zu tun, was er von sich aus nicht vorgehabt hätte. So verhält es sich auch bei allen anderen Aufträgen wie beispielsweise bei „Sitz“, „Weiter“ oder „Zu mir“. Wenn wir nun mit Nachdruck auf die Ausführung der Aufträge bestehen, bewegen wir uns bereits in dem Bereich der Führungsansagen®. „Leg dich“ ist nun keine Bitte mehr, sondern eine Verbindlichkeit, die wir im Zweifel einfordern. So können alltägliche Kommandos die Führungsstruktur maßgeblich beeinflussen und das Punktekonto erhöhen.

Beispiel: Leinenführigkeit

Dieses Prinzip lässt sich ebenfalls hervorragend im Bereich der Leinenführigkeit fortsetzen (S. 151 ff.). Wenn wir dafür sorgen, dass der Hund nicht an der Leine zieht und wir Richtung und Tempo vorgeben, setzen wir bereits effektive Führungsansagen®, ohne große gedankliche Anstrengung.

Beispiel: Freilauf

Auch bei Spaziergängen ohne Leine hat unser Verhalten Einfluss auf unser Punktekonto. Wir sollten beispielsweise an Wegkreuzungen nicht vorher ankündigen, in welche Richtung wir gehen werden, sondern unseren Weg kommentarlos gehen und darauf vertrauen, dass unser Hund uns folgt. Durch Vorgabe von Tempo und Richtung setzen wir erneut eine Führungsansage®.

Es lohnt sich einmal genauer zu betrachten, wo überall wir weitere Gesten senden können, um damit Schritt für Schritt unser Punktekonto aufzuwerten. Im Endeffekt hat also jede Person die Möglichkeit, ohne viel Aufwand den Tag mit einem deutlichen Plus zu starten.

AUS DER PRAXIS

KIM UND LEILA

Leila ist meine erste Hündin, und wie wahrscheinlich viele, dachte auch ich, ich sei gut vorbereitet und hätte an alles gedacht. Doch schon bald zeigten sich die ersten Schwierigkeiten: Die Nachbarn im Hausflur wurden regelmäßig verbellt, Besuch war aus Leilas Sicht strikt unerwünscht und im städtischen Umfeld reagierte sie sehr unsicher. Straßenbahnen, Züge und laute Knallgeräusche ließen sie kopflos in irgendeine Richtung ziehen. An Leckerlies war auf dem Stresslevel überhaupt nicht zu denken – aber was dann?

Durch Zufall wurde ich auf ein Seminar bei Katrin aufmerksam, als Leila noch nicht einmal ein Jahr bei uns war, und rückblickend war das unser größtes Glück. Gleichzeitig war es eine harte Erfahrung, denn ich musste mir eingestehen, dass ich Leila keinerlei Sicherheit gegeben hatte. Durch meine fehlende Führungskompetenz hatte ich sie daran gehindert, Verantwortung abzugeben und sich auf mich verlassen zu können. Ich hatte ihr die Führung regelrecht aufgedrängt, obwohl sie selbst damit völlig überfordert war.
Dank Katrin konnte nicht nur ich, sondern auch Leila wachsen, weil ich verstand, wie Hunde kommunizieren und ich auf hündischer Ebene mit Leila sprechen kann. So konnte ich ihr zeigen, dass ich die Verantwortung übernehme und sie sich bei mir sicher fühlen darf. Mit jedem Schritt, den ich innerlich ging, konnte auch sie selbstbewusster werden. Denn wie Katrin gern sagt: *„Wir machen den Menschen groß, nicht den Hund klein."*
Ich durfte lernen, was echte Führung bedeutet: Stress zu regulieren, nicht nur ihren, sondern auch meinen, Ruhe zu bewahren, fair und berechenbar zu handeln und in herausfordernden Situationen souverän zu bleiben, weil ich meinen Plan B bereits in der Tasche hatte, falls Plan A schiefgehen sollte. Mir wurde klar, wie wichtig es ist, liebevoll körperliche Nähe herzustellen, über Berührung mit dem Hund zu kommunizieren, meine Körpersprache einzusetzen, die von Leila zu lesen und richtig darauf zu reagieren. Heute sind wir ein eingespieltes Team und haben eine liebevolle, innige Verbundenheit. Leila weiß, dass sie sich in jeder Situation auf mich verlassen kann und ich die Führung übernehme. Wir laufen inzwischen völlig entspannt direkt am Schießstand vorbei und machen keine großen Bögen mehr um Ecken, an denen man die Züge oder die Straßenbahn bereits hören kann.
Natürlich fragt sie auch heute noch ab und zu an, ob ich wirklich in der Lage bin, durch eine Situation zu führen, oder zeigt Unsicherheiten, die wir eigentlich schon überwunden haben. Aber jetzt kann ich mit ihr *ins Gespräch gehen,* die Unstimmigkeiten klären und ihr deutlich machen, dass ich die Verantwortung übernehme. Früher stand sie in solchen Momenten allein da – heute bin ich für sie da. Und ich weiß: Leila konnte nur so groß werden, weil ich durch Katrin die Möglichkeit bekommen habe, selbst zu wachsen, für Leila und uns beide.

Inzwischen ein eingespieltes Team: Kim mit ihrer Hündin Leila.

AUS DER PRAXIS

TOM UND PASCO

„Schafft euch doch einen Hund an", war die Empfehlung eines Freundes, als sich abzeichnete, dass unsere Ehe zwar glücklich, aber kinderlos sein würde. Und so sind meine Frau und ich in die Hundeschule gegangen, noch ohne Hund und bevorzugt auch bei „Hudelwetter", wie wir es in Luzern oft erleben. Nach der Schule sind wir mit Tierheimhunden spazieren gegangen. Wir wollten herausfinden, wie ernst es uns damit ist, für zehn, fünfzehn Jahre für ein Tier verantwortlich zu sein, über das wir noch nicht viel wussten. Und heute leben wir seit mehr als 20 Jahren mit Hunden. Vom Bauernhof-Mischling über einen Therapiehund bis zur rumänischen Wundertüte. Sie sind unsere ständigen Begleiter – auch bei der Arbeit – und bereichern unseren Alltag.

Wir haben gelernt, mit Leckerchen Anreize zu schaffen, dass unsere Hunde das tun, was wir uns wünschen. Erfahrene Trainer:innen zeigten uns, wie man einem Hund ein perfektes „Platz" beibringt und entspannt durch Menschenmengen geht. Als unser Pasco dann von einem anderen Hund gebissen wurde und man uns empfahl, die beiden sollen das unter sich ausmachen, und allerspätestens, als meine Hündin verzweifelt nach einer liebevoll gemeinten, aber ihr eben viel zu nahe kommenden Hand schnappte, erahnten wir die Grenzen der Konditionierung und des guten Zuredens. Wir wussten nicht weiter. Mit den Hunden einzeln zu gehen und zu Zeiten, in denen man niemandem begegnet, kam für mich nicht infrage. Meine Vorstellung vom Zusammenleben mit Hunden, in einer dicht besiedelten Region, war gründlich ramponiert, meine Aussicht auf mindestens weitere zehn Jahre in angespannter Obacht-Stellung wenig motivierend.

Im Vakuum der Antworten auf ein funktionierendes „Wie weiter?" sties ich zufällig auf eine Veranstaltung mit Katrin Scholz: „Körpersprache des Hundes".
Und endlich beginne ich, unsere Hunde zu verstehen, ihre Körpersprache zu lesen, Zusammenhänge zu kapieren. Bis anhin haben wir – wie gelernt – fast alles über Konditionierung gemacht, damit Erfolg gehabt, aber auch die Grenzen dieser Methode kennengelernt. Am meisten bedauerte ich, wie sehr wir von Leckerlis abhängig waren. Wir hatten zu einem guten Teil Futter als festen Bestandteil unserer Kommunikation integriert. Heute weiß ich: Es geht auch anders!

Tom mit seiner Hündin Gina, die durch K.S.I. zu einer liebevollen Wegbegleiterin wurde.

DER UMGANG

— *mit Führungsgesten*

ERKENNTNISSE ZUM VERSTÄNDNIS VON FÜHRUNGSGESTEN

Damit du die Führungsgesten in ihrem Kontext verstehen lernst und angemessen darauf reagieren kannst, fasse ich hier einige wichtige Erkenntnisse zusammen.

FÜHUNGSGESTEN MÜSSEN WAHRGENOMMEN WERDEN

Du musst nicht jede Sekunde auf der Hut sein oder jede Handlung deines Hundes als mögliche Führungsgeste interpretieren.

Lädst du deinen Hund ein, ...

Was bedeutet das in der Praxis?

Sendet dein Hund Gesten, die du nicht sehen kannst, sollten dich diese auch nicht interessieren. Führungsgesten gelten nicht dir, wenn du nicht anwesend bist oder dich bemühen müsstest, um sie wahrnehmen zu können.

Beispiel: Du kommst nach Hause und bemerkst Hundehaare auf der Couch, du hast deinen Hund allerdings nicht auf der Couch erwischt. Weil du nicht wahrnehmen konntest, dass dein Hund auf der Couch war, hat er keine Führungsgeste gesendet. Somit besteht für dich kein Handlungsbedarf. **Wenn du Gesten nicht siehst, sind es einfach nur Vorlieben deines Hundes oder etwas, was er ausprobiert. Das hat nichts mit dir zu tun, sondern ist Teil der freien Entfaltung deines Tieres.**

Was bedeutet das für dich?

1. Alles, was dein Hund außerhalb deines Sichtfeldes zeigt, fällt nicht in deine Verantwortung.
2. Du musst nicht auf alles reagieren. Manchmal ist es okay, deinem Hund vorzugaukeln, du hättest es nicht gesehen.
3. Konzentriere dich auf die Momente, in denen du wirklich eine Führungsgeste wahrnimmst.

Aber: Dein Hund muss wirklich den Eindruck haben, du hättest es nicht gesehen!

EINGELEITETE FÜHRUNGSGESTEN SIND KEINE FÜHRUNGSGESTEN

Diese Erkenntnis hilft dir, genauso innig mit deinem Hund zu sein, wie du es vorher warst. Du musst ihn nur eingeladen haben.

Was bedeutet das in der Praxis?

Lädst du deinen Hund ein, ein bestimmtes Verhalten zu zeigen, ist es nicht als Führungsgeste zu verstehen, wenn er deiner Aufforderung nachkommt. Es spielt in eurem Konstrukt keine Rolle, ob du deinen Hund zu einer Führungsgeste animierst. Du darfst ihn um alles bitten.

Normalerweise sendet dein Hund Führungsgesten, um etwas mit dir zu klären. Forderst du diese allerdings ein, erübrigt sich diese Klärungsmöglichkeit.

Beispiel: Zum Streicheln auffordern ist eigentlich eine Führungsanfrage®. Rufst du deinen Hund aber zu dir, um ihn intensiv durchzuknuddeln, ist es natürlich keine Führungsgeste, weil du es aktiv eingeleitet hast.

1. Alles, was du von deinem Hund einforderst, ist keine Führungsgeste.
2. Du musst im täglichen Umgang mit deinem Hund auf nichts verzichten, du solltest es nur eingeleitet haben.
3. Auf diese Weise kannst du gewährleisten, dass du und dein Hund ausreichend innige Zeit miteinander verbringt.

Achte darauf, dass du deinen Hund einlädst und er dich nicht dazu gebracht hat, ihn einzuladen.

... ein bestimmtes Verhalten zu zeigen, ...

... ist es nicht als Führungsgeste zu verstehen.

Was bedeutet das für dich?

1. Auch wenn dein Hund zuckersüß bittet, fordert er!
2. Fordere deinen Hund nur zu einer Führungsgeste auf, wenn er nicht damit rechnet und/oder dich nicht darum bittet.
3. Kommt dein Hund zu dir und möchte etwas von dir und du findest seine Idee gerade auch wirklich gut, solltest du ihn dennoch erst einmal kurz wegschicken.

Sobald du das Gefühl hast, dass er dieses akzeptiert, ist es natürlich schon fast deine Pflicht, ihn zu dir zu rufen. Denn natürlich solltest du dafür sorgen, dass ihr viel innige Zeit miteinander verbringt. **Die Zeitspanne von Wegschicken und Zu-dir-Rufen kann je nach Hund und Stimmung variieren.** Lädst du ihn ein, sich streicheln zu lassen oder zu dir auf die Couch zu kommen, fühlt er sich viel willkommener, als wenn du damit einverstanden bist, nachdem er gefragt hat. Das stärkt eure Bindung enorm!
Es geht nicht darum, weniger zu knuddeln oder deinen Hund weniger bei dir zu haben. Es geht darum, diese Dinge zu ordnen. So schaffst du eine positive, respektvolle Beziehung zu deinem Hund, ohne auf all die schönen gemeinsamen Momente verzichten zu müssen.

JEDE BEZUGSPERSON MACHT SEINE STELLUNG SELBST KLAR

Gern werden ausbleibende Trainingserfolge mit der Inkonsequenz der „besseren Hälfte" gerechtfertigt. Das ist nicht korrekt.

Was bedeutet das in der Praxis?

Dein Hund ordnet die Führungskompetenz und Durchsetzungsfreude jedes einzelnen Menschen individuell ein. Jedes Familienmitglied wird zu deinem Hund seine persönliche bzw. individuelle Beziehung haben, diese kann niemand anderes als die Person selbst beeinflussen. Die Kompetenz anderer Personen hat nichts mit der Einordnung zu tun. Ein Hund kommuniziert direkt mit dem Menschen, mit dem er etwas klärt. Das bedeutet: Zeigt dein Hund beispielsweise deinem Partner oder deiner Partnerin gegenüber Führungsgesten, hat das rein gar nichts mit dir zu tun.

Jeder hat das Recht, ein „Depp" zu sein!

Ich liebe diesen Spruch! Mit wenigen Worten auf den Punkt gebracht. Wenn deine „bessere Hälfte" sich entscheidet, dem Hund alles durchgehen zu lassen, macht dich das nicht inkompetenter oder weniger respektabel für den Hund. Du musst dennoch eingreifen, wenn dein(e) Partner:in in deinem Beisein

»Eingeladen werden ist immer schöner, als sich selbst einzuladen!«

Gerade bei mehreren Hunden ist es wichtig, jeden Hund einzeln einzuladen, mit dir Qualitytime zu verbringen.

dem Hund etwas erlaubt, was du eigentlich verboten hast. Deine „bessere Hälfte" und du seid zum Beispiel in der Küche bei geöffneter Spülmaschine. Dein Hund steckt seinen Kopf in die Spülmaschine, um die Teller zu reinigen, während deine „bessere Hälfte" unmittelbar danebensteht. Hier musst du eingreifen, auch wenn dein(e) Partner:in näher am Hund steht, weil du ja wahrgenommen hast, dass dein Hund gegen eine gesetzte Regel verstößt.

Aber in der direkten Kommunikation hast du rein gar nichts mit der Interaktion zwischen deinem Hund und anderen Bezugspersonen deines Hundes zu tun. **Dieser Umgang gilt nur für Bezugspersonen deines Hundes! Bei anderen Personen, zum Beispiel Gästen, ist es deine Aufgabe, einzugreifen und die Situation zu klären.**

Was bedeutet das für dich?

1. Konzentriere dich auf deine eigene Kommunikation mit deinem Hund.
2. Lass andere Bezugspersonen ihre eigene Kommunikation mit dem Hund führen.
3. Greife nur ein, wenn es um Dinge geht, die dich direkt betreffen.
4. Bleibe bei dir und deinem eigenen Verhalten, unabhängig davon, was andere tun.

Diese Erkenntnis kann dir eine Menge Stress und Frust ersparen. Du musst nicht die Verantwortung für das Verhalten anderer erwachsener Bezugspersonen übernehmen. Konzentriere dich stattdessen darauf, eine klare, unmissverständliche Kommunikation mit deinem Hund zu führen.
Und wer weiß? Vielleicht inspirierst du damit sogar deine „bessere Hälfte", es dir gleichzutun. Aber selbst, wenn nicht – du und dein Hund, ihr habt eure Sache im Griff.

Hier ganz deutlich zu erkennen, Hündin Amy splittet und fokussiert die andere Person. Hier besteht Handlungsbedarf seitens der Halterin.

FÜHRUNGSGESTEN GEGENÜBER FREMDEN

Zeigt dein Hund Führungsgesten gegenüber einer fremden Person, ist es sehr wichtig, die vier verschiedenen Kategorien unterscheiden zu können, damit du adäquat reagieren kannst.

FÜHRUNGSANFRAGEN® GEGENÜBER FREMDEN

Sendet dein Hund eine Führungsanfrage® an eine fremde Person, besteht kein Handlungsbedarf. Es ist unbedenklich, wenn dein Hund eine andere Person fragt, wer führt. Dies ist ein Gespräch zwischen den beiden und du brauchst dich nicht einzumischen. Fühlt sich diese Person allerdings von deinem Hund gestört, ist es deine Aufgabe, das zu unterbrechen. **Eine Führungsanfrage® ist nur eine Frage, kein Statement!**

FÜHRUNGSANSAGEN® GEGENÜBER FREMDEN

Führungsansagen® gegenüber Fremden können gefährlich werden, deshalb solltest du sie immer unterbinden.
Es ist nicht die Aufgabe der anderen, auf Führungsansagen® deines Hundes zu reagieren. Deshalb solltest du auch keine Anweisungen dazu geben, selbst wenn dir dieser Mensch als sehr kompetent erscheint. Du solltest deinem Hund vermitteln, dass er inkorrekt handelt, wenn er fremde Menschen in die zweite Reihe schickt. Nimmst du diesen Fauxpas wahr, musst du adäquat auf die Geste reagieren. Häufig reicht ein simples Zu-dir-Rufen, ein Arbeitsauftrag oder ein Ins-Platz-Schicken. Zeitgleich solltest du deinen Unmut über seine Geste äußern.
Die häufigste Führungsansage®, die man fremden Menschen gegenüber beobachten

kann, ist das Anspringen. Auch wenn das Gegenüber sich nicht belästigt fühlt, musst du einschreiten und die Führungsansage® unterbinden.

FÜHRUNGSAUSSAGEN® GEGENÜBER FREMDEN

Führungsaussagen® gelten immer dir und der Allgemeinheit, also auch Fremden gegenüber. Den Umgang hiermit findest du unter „Führungsaussagen®" (siehe S. 84 ff.).

FÜHRUNGSABGABEN® GEGENÜBER FREMDEN

Eine Führungsabgabe® gegenüber Fremden kannst du zulassen. Es besteht kein Handlungsbedarf für dich. Du solltest dir allerdings Gedanken darüber machen, warum dein Hund nicht dir, sondern einer fremden Person gegenüber diese Abgabe sendet. Ruf deinen Hund zu dir, halte ihn mit beiden Händen bei dir und zeige ihm, dass auch du die Situation meistern kannst.

ZUSAMMENFASSUNG

Der Umgang mit Führungsgesten gegenüber Fremden erfordert von dir Aufmerksamkeit und gezieltes Handeln. Du musst die Situation richtig einschätzen und angemessen reagieren. Dabei gilt gegenüber Fremden:

- Führungsanfragen®: kein Handlungsbedarf, außer es stört
- Führungsansagen®: Handlungsbedarf
- Führungsaussagen®: Handlungsbedarf
- Führungsabgaben®: kein Handlungsbedarf

Du bist verantwortlich für das Verhalten deines Hundes. Erwarte nicht von Fremden, dass sie Führungsgesten unterbinden. Das ist dein Job! Mit der richtigen Reaktion sorgst du dafür, dass dein Hund sich angemessen verhält und keine Gefahr für andere darstellt.

Die meisten Begrüßungsrituale beinhalten subtile Führungsgesten.

SPEZIFISCHE SITUATIONEN UND ASPEKTE

DIE ERSTVERSCHLIMMERUNG

Beginnst du damit, die Führungsgesten deines Hundes zu unterbinden, kann es zu einer Erstverschlimmerung kommen.

WAS IST EINE ERSTVERSCHLIMMERUNG?

Nachdem du angefangen hast, Führungsgesten zu unterbinden, kann es passieren, dass dein Hund Gesten, die er vorher noch nie gesendet hat, zeigt. Du hast das Gefühl, dass dein Hund dir nun mehr Probleme macht als vorher.

WARUM PASSIERT DAS?

Durch das ungewohnte Unterbinden der Führungsgesten erhebst du deinem Hund gegenüber Führungsanspruch. Mit seinem neuen, anstrengenden Verhalten prüft er, wie ernst du es meinst. Des Weiteren muss dein Hund auch sicherstellen, dass es keine Phase ist, die vorbeigehen könnte. Er muss Vertrauen in eine langfristige Führung haben können, um abzugeben.

Empörter Blick, da Basset-Rüde Augustus uneingeladen auf und über Jessys Beine steigt.

Situation durch eine Führungsabgabe® gelöst. So können beide gemeinsam den Blick nach vorn richten.

WARUM IST DAS EIN GUTES ZEICHEN?

Deine Bemühungen werden wahrgenommen. Durch die Erstverschlimmerung zeigt dein Hund, dass ihm deine Verhaltensveränderung auffällt. Scheinbar kommunizierst du viel deutlicher als bisher mit ihm, wodurch er deine Mission erkennt. Solange du diese Erstverschlimmerung nicht wahrnimmst, ist davon auszugehen, dass er keine ernstzunehmende Gefahr für seine Position sieht. Man könnte meinen, er sagt: *„Was stört es den Baum, wenn sich das Schwein daran kratzt?“* Deshalb darfst du dich über eine Erstverschlimmerung freuen.

Die Erstverschlimmerung ist ein Kompliment! Dein Hund hat verstanden, dass sich etwas ändert, und er nimmt dich und deine Bemühungen ernst. Bleib dran, du wirst sehen, wie sich eure Beziehung zum Positiven entwickelt.

DIE ANGST UND DER SCHREI NACH HILFE

– wenn Führungsgesten mehr sind als du denkst

In unsicheren Situationen und wenn der Hund Angst hat, kann man häufig Führungsgesten beobachten.

WARUM FÜHRUNGSGESTEN IN SITUATIONEN DER ANGST?

Wird ein Hund unsicher oder hat er Angst, hilft es ihm, wenn er eine Person an seiner Seite hat, die führungskompetent ist. Durch adäquates Reagieren auf die gesendete Führungsgeste signalisierst du deinem Hund, Führung übernehmen zu können.
Hat also dein Hund Angst und sendet eine Führungsgeste, bittet er dich um Hilfe.
Je heftiger und nachhaltiger diese ist, desto dringender braucht er dich.

Er weiß ja, dass du dir das für gewöhnlich nicht gefallen lässt. Er weiß, wenn er sich auffallend provozierend benimmt, wirst du ihn korrigieren.
Damit signalisierst du ihm deine Souveränität und Sicherheit in dieser Situation. Du hast keine Angst und kannst problemlos für ihn übernehmen. Aber – und das ist wichtig – er muss sicher gehen, dass du es auch wirklich leisten kannst.

DREI REAKTIONEN DES HUNDES IN STRESSSIGEN SITUATIONEN

1. Die Führungsabgabe®: Dein Hund traut dir zu, die Situation zu lösen und unterstützt dich dabei gern. Er möchte keine Entscheidungen treffen, erwartet dies aber von dir. Freu dich! Dein Hund vertraut dir voll und ganz. Sorge dafür, dass du diesem Vertrauen in dich gerecht wirst. Vermeide von ihm wegzugehen oder ihn gar alleine näher an die Situation heranzubringen.
Beispiel: Findet dein Hund einen Mülleimer gruselig und geht hinter dich, wäre es für den Hund eine große Hilfe, wenn du ihn locker und entspannt einlädst, mit dir mit zu kommen, und ihr gemeinsam zum Mülleimer geht. Du untersuchst den Mülleimer und zeigst ihm so, dass du diesen als unbedenklich empfindest. Das nächste Mal kann dein Hund diese Situation vielleicht schon ein wenig souveräner lösen.
Wichtig: Auf keinen Fall darf deinem Hund bei solch einer Aktion irgendetwas passieren.

Die kleine Mischlingshündin ist in neuen Situationen erst einmal verunsichert und sendet eine Führungsabgabe® an ihren Menschen.

2. Die Führungsanfrage®: Dein Hund ist unsicher, ob du die Situation meistern möchtest. Er stellt dir frei, die Situation zu lösen oder ihm die Zuständigkeit zu übertragen.
Entscheide dich, ob du die Situation meistern möchtest, oder deinem Hund den Vortritt lässt.
Beispiel: Bleiben wir beim Mülleimer. Findet dein Hund diesen Mülleimer also gruselig und stellt seine Pfote auf deinen Fuß, gibt es verschiedene Varianten, wie du darauf reagieren kannst, denn dein Hund fragt dich ja, wer von euch beiden die Situation lösen soll. Ziehst du deinen Fuß weg, forderst du ihn indirekt dazu auf, die Situation nach seiner Idee zu lösen. Was bedeuten könnte, dass es deinen Hund überfordert und er überraschende Entscheidungen trifft. Ist dein Hund nicht überfordert, wird er für euch zum Mülleimer gehen und so die Situation lösen. Lässt du deinen Fuß stehen, seid ihr in einer Patt-Situation und euch beide nicht schlüssig darüber, wer jetzt wen unterstützt. Bewegst du den Hundefuß weg, bedeutet das für deinen Hund, dass du die Situation für euch lösen kannst. Geh zum Mülleimer und zeig deinem Hund, dass er keine Gefahr darstellt.
Durch die Führungsanfrage® deines Hundes hat er dir signalisiert, dass er etwas, in diesem Fall den Mülleimer, aufregend findet.

Und schon ist die Welt gar nicht mehr so unheimlich und schon fast interessant.

3. Die Führungsansage®: Dein Hund traut dir nicht zu, die Situation souverän zu lösen. Er möchte nicht, dass du dich einmischst. Ziehe eine kompetente Hundeschule zurate, denn es wird nicht ausreichend sein, nur in dieser Situation richtig zu reagieren.
Ausnahme: Dein Hund ist in Panik und zwingt dich durch übertriebene Führungsansagen® in die Zuständigkeit. Unterbinde ruhig und souverän die Führungsansage® und zeige dich unbeeindruckt von dem, was deinem Hund Angst macht.
Beispiel: Ihr geht zum Mülleimer und dein Hund springt dich heftig an, um dich von dem Mülleimer fortzubewegen. Er möchte aktiv verhindern, dass du dem Mülleimer näherkommst.

Zeigt dein Hund in Angstsituationen Führungsgesten, ist das ein Hilferuf. Er möchte wissen, ob du stark genug bist, ihn zu beschützen. Indem du angemessen reagierst – mal ignorierst, mal unterbindest, mal zurücktrittst – gibst du ihm die Sicherheit, jede Situation einzeln zu bewerten und nicht kategorisch gleich zu handeln. Dadurch gibst du ihm den Halt, den er in diesem Moment braucht.

WAS DU AUF KEINEN FALL TUN SOLLTEST

Das Schlimmste, was du machen kannst, ist – und das habe ich leider schon häufiger beobachten müssen – den Hund wegzuschicken, wenn er eine Führungsabgabe® macht oder in einer stressigen Situation mit einer Führungsanfrage® oder Führungsansage® um Hilfe ruft. Die Haltung *„Geh weg, klär das mal allein"* ist für den Hund wie unterlassene Hilfeleistung. Dein Hund wird abspeichern, dass er in Momenten größter Not keine Hilfe zu erwarten hat und sich daran gewöhnen muss, ein Einzelkämpfer zu sein.

FALSCH VERSTANDENE FREUNDLICHKEIT

Oft ist uns nicht bewusst, dass ein gutes Beziehungsgefüge zu unserem Hund nicht durch häufige, gezielte Trainingseinheiten entsteht. Vielmehr findet der Hauptteil an Beziehungsarbeit im Alltag, in den eigenen vier Wänden statt. Unser Hund hat genügend Zeit, uns den ganzen Tag zu beobachten, sozusagen seine eigenen Feldstudien über uns zu machen, um so unsere Sozialkompetenz einzuordnen. Uns muss klar sein, dass er, ähnlich wie wir, Konflikte ungern in fremden Gefilden austrägt. Wir führen mit unserer besseren Hälfte ja auch nicht die Diskussion über den nicht hochgeklappten Klodeckel im Restaurant vor vielen Zuschauern, sondern zu Hause. Daher sollte sich unser Fokus auf den alltäglichen – bis jetzt – unbewussten Umgang mit unserem Hund richten. Es ist wichtig, ihn wahr- und ernstzunehmen und adäquat zu antworten. Auch wenn das manchmal bedeutet, die eigenen Bedürfnisse und Vorstellungen von Beziehung zu unserem Hund in den Hintergrund und die des Hundes in den Vordergrund zu stellen.

Wir erinnern uns: Ein Individuum, das führt, lässt sich nicht durch Bitten und süße Gesten von seinem Vorhaben abbringen.

Klarer Unterschied: Der Halter ist seinem Standpunkt treu geblieben, der Rüde kann sich entspannen.

Mögliche Gründe, weshalb wir auf Führungsanfragen® im Haus nicht reagieren, sind:

— Wir nehmen sie nicht als Führungsanfragen® wahr, weil sie uns nicht stören.
— Wir übersehen die Führungsanfragen®, weil wir im Alltag keine Zeit dafür haben.
— Wir ignorieren die Führungsanfragen®, weil wir glauben, sie sind Teil einer guten Beziehung zu unserem Hund.
— Wir fördern Führungsanfragen®, weil wir sie so süß finden.

Was unser Hund aber versteht, ist:

— Uns stören die Führungsanfragen® nicht, weil wir gern geführt werden.
— Wir nehmen uns keine Zeit, Führungsanfragen® zu unterbinden, weil uns die Zeit zu schade ist, mit unserem Hund über Führung zu sprechen.
— Wir haben eine gute Beziehung zu unserem Hund, weil wir ihm die Führung überlassen.
— Wir finden Führungsanfragen® süß, weil wir uns wohlfühlen, wenn unser Hund führt.

»Ein Individuum, das führt, lässt sich nicht durch Bitten und süße Gesten von seinem Vorhaben abbringen.«

AUS DER PRAXIS

JESSY UND MALINO

Als Hunde-Neuling hatte ich eine Idee von einem Hund und davon, wie ein Leben mit Hund aussehen sollte. Schöne ausgiebige Spaziergänge, Hundeschule und irgendeinen Hundesport, und zu Hause ein entspanntes und ruhiges Miteinander. Ein Hund aus dem Tierschutz musste es sein! In meinem Fall auch unbedingt ein Listenhund, denn diese sind ja besonders missverstandene Kreaturen und dem Menschen immer so zugewandt...

Ich bin gezielt in ein Tierheim gefahren, in dem es viele Listenhunde gab und immer noch gibt. Den Mitarbeitenden habe ich natürlich gesagt, dass ich noch nie einen Hund hatte, ich aber unbedingt mit dem Hund in eine Hundeschule gehen möchte. Letzten Endes wurde uns Malino ans Herz gelegt – angeblich ein American-Staffordshire-Labrador-Mix. Er kam aus Ungarn und war noch nicht allzu lange im deutschen Tierheim. Ein schwarzer Muskelberg, mit unglaublich aussagekräftigen Augen. Wir waren drei Mal zum Kennenlernen da und ich wollte ihn unbedingt. Wer soll denn sonst so einen armen, großen, schwarzen Hund nehmen, wenn nicht ich?!

Heute weiß ich, dass das, was ich beim Kennenlernen als Unaufdringlichkeit interpretiert hatte (fand ich super), eine ausgeprägte Ignoranz war und dieser Hund die komplette Umgebung kontrolliert hat – ich ihm aber am Hinterteil vorbei ging; mit Ball in der Hand sah das natürlich anders aus! Da hat er mich geliebt.

Im neuen Zuhause angekommen, schien es erst einmal ganz gut zu laufen. Malino war drinnen schon immer ein ruhiger Vertreter. Ja, das schon, aber der alte Kontrolletti hat die erste Woche nur die Lage gecheckt und ganz schnell bemerkt, dass ich ein Lappen bin (wie man so schön sagt). Einfach auf's Sofa? Klar, er ist ja nicht aufdringlich dabei! Im Weg stehen? Naja, ich kann drumherum laufen, was soll's?! Männlichen Besuchern mit einer recht respektlosen Wucht mit der Schnauze in die Kronjuwelen dotzen? Bisschen lustig fanden wir es alle. Einen Besucher, der vom Wohnzimmer in den Garten wollte, von hinten anspringen und ihm dabei sein T-Shirt zerreißen? Das war dann nicht mehr ganz so lustig, aber: *„Das hatte er vorher ja noch nie gemacht!"*

Sollen wir noch kurz über unsere Spaziergänge sprechen? Die waren nämlich mein eigentlicher Grund, weshalb ich bei Katrin gelandet bin, weil zu Hause war er ja eigentlich fein! Schlimme Leinenaggression (nach der ersten Woche). Aber hey! Wenn's nur dabei geblieben wäre ... Weil ich ja dachte, das gehört sich nicht, habe ich versucht, Malino gut zuzureden und ihn gut zu halten. *„So nicht, Fräulein! Du machst zu Hause alles, was ich sage und jetzt willst du mir plötzlich sagen, was ich darf und was nicht? Vergiss es! Und wenn du nicht gleich deine Finger wegnimmst, dann fress ich dich – anstelle des anderen Hundes!"* So würde ich es kurz zusammenfassen.

Ich hatte dann ein Intensivseminar bei Katrin, mit Videoanalyse. Es war mehr als peinlich, mich zu sehen, wie ich neben diesem eskalierenden Hund stehe und ihn fast schon auf Knien anbettle, sich hinzulegen oder wenigstens mal hinzusetzen (ohne Hundebegegnung!), ihn permanent zu halten versuche, weil er überall mit voller Kraft hin möchte. Der Hund hatte damals

30 kg und ich mit meinen 176 cm fast 80 kg … also eigentlich passte das. Nachdem wir das also alle auf Video gesehen hatten, stand schnell fest, dass Hundebegegnungen definitiv nicht das erste waren, das wir zu bearbeiten hatten. Wir hatten ein waschechtes Beziehungsproblem und dieses klärt man zu Hause! Malinos Verhaltensweisen waren astreine Ansagen. Ihm war also klar: ICH führe!

Zu Hause hatte er noch nie versucht, zu beißen, warum auch? Wir machten ja alles so, wie Malino es wollte. *„Streichle mich jetzt!" Gern! „Futter, jetzt!"* Klar, ich weiß wie es ist, Hunger zu haben (wirklich?). Malino liegt gemütlich im Türrahmen – ich gehe mal vorsichtig drüber oder ach, ich muss noch nicht auf die Toilette! *„Nee, am Kopf will ich nicht gestreichelt werden! Kraul mir lieber den Hintern."* Klar, kann ich machen, wenn du das lieber magst, why not?! usw. Kennt das jemand?
Es war am Ende gar kein großer Zauber, zu Hause etwas umzustellen. Ich musste es nur wissen. Deckentraining zum Beispiel – was das geholfen hat! In gewohnter Umgebung dem Hund erklären, dass er auf der Decke bleiben soll, bis ich ihn wieder abhole (siehe S. 148 ff.). Meinem Hund selbst einmal eine Ansage machen und ihm vermitteln, dass ich auch etwas kann. Mich ihm nicht ständig anzupassen, sondern mich in MEINEM Haus so zu bewegen und Besuch zu haben, wie ICH es für richtig halte.

Malino hat mich plötzlich ganz anders angeschaut. Tatsächlich hat er auch einmal zu mir aufgeschaut, nicht, um zu sagen *„Ey, lass das gefälligst"*, sondern *„Ach guck! Vielleicht bist du ja doch jemand, dem ich vertrauen und folgen kann?"* Einem Hund wie Malino nicht zu vermitteln, dass der Mensch die bessere Führungsperson ist, kann gefährlich für viele Beteiligte werden. Man sieht ja, welche Entscheidungen er getroffen hat, bevor ich gelernt habe, ihn von seinen Überzeugungen abzubringen und meine als sinnvoll zu erachten.
Versteht mich nicht falsch, das war kein kurzer Weg und Malino hat draußen immer noch versucht, mich zu maßregeln. Wir mussten daran intensiv arbeiten. Alles, was wir draußen erarbeiten mussten, wäre aber vermutlich gar nicht möglich gewesen oder sehr viel schwerer, wenn ich nicht zu Hause schon unsere Dynamik verändert hätte.
Malino war 2,5 Jahre, als er bei mir eingezogen ist. Mittlerweile ist er 11. Er hat seit fast 7 Jahren nicht mehr versucht, mich zu verletzen. Reagiert er noch auf fremde Hunde? Ja manchmal. Aber er fragt viel weniger und auch nicht mehr so intensiv nach. Im Alter wurde er wohl auch weiser. Stellt er sich aber mal wieder quer in den Weg und weicht keinen Millimeter, wenn ich komme, dann muss ich ihn bewegen. Da macht er sich aber kaum noch schwer oder steif, lässt mich nicht mehr dumm dastehen, sondern sagt: *„Ach so, du bist dir also immer noch sicher, dass du führst, also kann ich mich weiter entspannen."*

Jessy erklärt Malino die Welt, damit sie beiden gefällt.

»Das Wichtigste ist, dass wir im Gespräch bleiben, offen für Veränderungen und immer bereit für eine liebevolle Reflexion sind.«

DIE FRAGE NACH VERÄNDERUNG

Die Beziehung zu unserem Hund ist nie statisch, sondern stets im Wandel. So wie das Leben immer in Bewegung ist, wird es mit unserem Hund auch nie Stillstand geben.

Ein Hund, der viele Führungsgesten sendet, weiß nicht, wo er steht.

In meiner Hundegruppe kann ich immer wieder beobachten, dass die Hunde, die ihren Platz in der Gruppe noch nicht gefunden haben, viele Führungsgesten senden. Dies entpuppt sich schnell als logische Handlung, weil es für einen Hund sehr wichtig ist, in aufregenden Situationen auf ein stabiles Gefüge zurückgreifen zu können. Diese Hunde sind meist unsicherer oder aggressiver als jene, die nur in spannenden Situationen Führungsgesten senden. Sie sind für gewöhnlich auch weitaus gestresster und unruhiger. Sobald für sie die Führungsstruktur klar ist, werden die Gesten weniger.

SUBTILE BITTE UM VERÄNDERUNG

Nach eingehender Prüfung konnte ich feststellen, dass Hunde in der Kommunikation mit uns Menschen die gleichen Bausteine verwenden. Wenn unser Hund das bestehende Gruppengefüge noch nicht als geklärt ansieht, wird er seinem Menschen gegenüber viele Führungsgesten senden, in der Hoffnung, Klarheit zu bekommen. Genau genommen bittet er auf nette Art darum, etwas zu verändern.

STRESS STATT SICHERHEIT

Leider werden Fühungsgesten häufig fehlinterpretiert. Bei meinen Beobachtungen stellte sich immer deutlicher heraus, dass Hunde durch ein fehlendes Führungskonzept überfordert und gestresst waren. Sie sendeten vermehrt Führungsgesten in der Hoffnung, dies zu ändern. Die Fehlinterpretation, dass diese Hunde dominant seien, führte zu noch größerem Stress bei ihnen. Diese Hunde benötigen Führung und keine Unterdrückung. Durch schlichtes Unter-

Charlys provokative Rückfrage …

binden der Gesten ist es möglich, diesen Hunden wirkungsvoll zu helfen und so ihren Stress zu lindern.

Ein Hund, der viele Führungsgesten sendet, ist kein dominanter, sondern ein gestresster Hund.

Was bedeutet das für dich?

Wenn du deinem Hund also Sicherheit und Halt geben möchtest, bedeutet das für dich, dass du auf seine Fragen antworten solltest. Auch wenn sich das sehr einfach liest und du vielleicht meinen könntest, dass es leicht wird, „nur" die Führungsgesten zu unterbinden, um deinem Hund den Stress zu nehmen und Halt zu geben, bedeutet es für dich viel Disziplin und Durchhaltevermögen. Du benötigst eine gute Beobachtungsgabe, ein waches Auge und genaue Selbstreflexion. Für mich bedeutet das Zusammenleben in so einer großen Hundegruppe, meine eigenen Bedürfnisse erst einmal zurückzustellen, um meinen Hunden zu zeigen, dass ich mich auf ihre Art der Kommunikation einlasse. Ich habe lange gebraucht, um zu verstehen, dass ich meinen Hunden einen größeren Gefallen bereite, diese Gesten zu akzeptieren, indem ich adäquat darauf reagiere. Meine menschliche Denkweise führte anfangs dazu, dass viele Fragen meiner Hunde offen blieben, dadurch war meine Gruppe unharmonisch und gestresst. Auch die Beziehung zu jedem einzelnen Hund war weitaus weniger intensiv und weniger innig. Je mehr ich auf ihre Fragen einging, desto mehr kommunizierten sie mit mir und schenkten mir ihre Aufmerksamkeit und ihr Vertrauen.

... kann durch richtige Antwort in einen innigen Moment verwandelt werden.

ZUSAMMENFASSUNG

Um es dir einfacher zu machen, habe ich dir hier die wichtigsten Aspekte im Umgang mit deinem Hund zusammengefasst:

1. Unterbinde die Führungsgesten deines Hundes.
2. Reagiere nie auf eine Geste, indem du weichst.
3. 3. Lass dich nicht in deiner eigenen Autonomie einschränken.
4. Überprüfe: Hattest du wirklich vor, das zu tun, was du gerade machst oder hat dein Hund dich daran erinnert bzw. dazu bewegt?
5. Geh keine Wege, nur weil dein Hund oder deine Höflichkeit dich dazu bringen.
6. Bestehe darauf, dass dein Hund dich in deinem Tun und Handeln nicht beeinträchtigt.

Das Ergebnis spricht für sich

Wenn du es schaffst, die Aspekte zu berücksichtigen, wirst du merken, dass dein Hund sich häufiger entspannen kann und im Ganzen ruhiger wird. Dein Hund wird merken, dass er mit dir besser kommunizieren kann. Er wird dir deshalb mehr Aufmerksamkeit schenken. Nutze diese Gelegenheit, um ihm zu zeigen, wie stolz du auf euer Ergebnis bist und freue dich über die Chance, eure Bindung um ein Vielfaches verbessern zu können.

Das Ergebnis: vertrauensvolle Hingabe …

… und intensive Momente.

Hier liegt die Hündin ganz klar im Weg. Wenn es eingeleitet wurde, ist diese Postition völlig unbedenklich.

DANKBAR STATT SAUER SEIN

In meinem Hundeschulalltag kann ich häufig beobachten, wie Menschen empört, geradezu sauer sind, weil ihre Hunde sehr viele Führungsanfragen® senden. Ich erkläre den Leuten dann immer, dass sie bestimmt in meiner Hundeschule sind, weil sie noch Verbesserungspotenzial in der Beziehung zu ihrem Hund sehen. Deshalb sollten sie froh sein, dass ihr Hund Führungsanfragen® sendet. Denn der Hund zeigt damit, dass auch er offen für Veränderung ist. Ich finde es wichtig, den Menschen ins Gedächtnis zu rufen, dass sie sich eigentlich über viele Führungsanfragen® freuen und diese als Chance sehen sollten. Denn unser Hund verlangt ja geradezu danach, die Rollenverteilung neu zu überdenken. Aus dieser Perspektive betrachtet wäre ein *„Danke, dass du mir die Chance gibst"* eine schöne und verbindende Reaktion.

Zeigt dein Hund viele Führungsgesten, besonders in entspannten Situationen zu Hause, dann bittet er dich, die Führung zu überdenken, um klare Verhältnisse zu schaffen.

Die Pfote auf den Fuß legen, ist eine eindeutige Führungsgeste. Grappa zeigt durch ihre angespannte Körperhaltung, dass sie einen Grund dafür hat.

DER MOMENT, DER VIELES ENTSCHEIDET

– wenn es plötzlich spannend wird

Um herauszufinden, wie mein Handeln auf meine Hunde wirkt, habe ich immer wieder verschiedene Szenarien durchgespielt. Überraschenderweise konnte ich feststellen, dass selbst kleinste Bewegungen meinerseits in eine bestimmte Richtung, das Handeln meiner Hunde gravierend beeinflussen konnten.

BEISPIEL AUS DER PRAXIS

Um dir die Wirkung deiner eigenen Körpersprache auf deinen Hund zu verdeutlichen, stell dir bitte folgende Situation vor: Du bist mit deinem Hund unterwegs und triffst auf eine grölende Menschengruppe, die deinem Hund eindeutig Unbehagen bereitet. Dein Hund stellt eine Führungsanfrage®, indem er zum Beispiel seine Pfote auf deinen Fuß stellt und sich leicht bei dir anlehnt.

Die Kunst der Führungsabgabe®

Weil du nicht weißt, wie diese Gruppe auf dich und deinen Hund reagiert, möchtest du, um auf Nummer sicher zu gehen, deinem Hund mitteilen, dass du die Führung nicht übernehmen willst. Du ziehst deinen Fuß unter seiner Pfote weg und sagst ihm damit, dass du ihm die Lösung der Situation in die Pfoten legst. Du kannst dem Ganzen Nachdruck verleihen, indem du einen Schritt rückwärts gehst und in die zweite Reihe rückst. Auf diese Art signalisiert du deinem Hund, dass er mit dieser Menschengruppe umgehen kann, wie er es für richtig hält. Das könnte natürlich zu unschönen Situationen führen. Sicher wird dir jetzt klar, dass es in dieser Situation ein bisschen einfältig ist, deinem Hund die Entscheidung zu überlassen, denn du müsstest jede, egal welche, akzeptieren. Hündisch gesehen ist deine Entscheidung nachzuvollziehen und wird an eurem Führungskonstrukt nichts ändern. Situativ ist es für deinen Hund tatsächlich verständlicher, wenn du zugibst, dass du dir in bestimmten Situationen nicht zutraust, deinen Hund zu

Bestimmt, aber zugewandt, wird die Pfote vom Fuß runter auf den Boden gesetzt.

Schöne Kommunikation zwischen Hund und Mensch, für beide verständlich und stressfrei.

schützen. Leider ist es gesellschaftlich natürlich selten so zu lösen.
Hunde sind sich dann aber häufig der Verantwortung bewusst und treffen, wenn sie nicht völlig überfordert sind, wirklich gute Entscheidungen.

Unentschlossen sein heißt, alles offen zu lassen

Wenn du merkst, dass du dir und deinem Hund nicht zutraust, die richtige Entscheidung zu treffen, weil die Situation für euch beide zu unbehaglich ist, kannst du deinen Fuß einfach dort lassen, wo er ist.
So signalisierst du deinem Hund, dass du gerade noch unentschlossen bist, ob du eine Führungsabgabe® oder eine Führungsansage® deinerseits für sinnvoll hältst. Damit lässt du aber auch für deinen Hund die Möglichkeit offen, zu entscheiden, was er aus dieser Situation macht.
Du gibst deinem Hund damit zu verstehen, dass du auf alles gefasst bist, spontan und situativ entscheiden wirst und es ihm durchaus zutraust, adäquat zu handeln.

Wenn du die Führung übernehmen willst

Du findest die grölende Menschengruppe überhaupt nicht unbehaglich und bist dir sicher, dass du deinen Hund souverän hindurchführen wirst. Das signalisierst du ihm, indem du seine Pfote von deinem Fuß herunter nimmst. Dabei sollte dein Fuß dort stehen bleiben, wo er ist. So sagst du deinem Hund, dass du bereit bist, die Führung zu übernehmen. Möchtest du allerdings auch, dass dein Hund sich bei deinem Handeln nicht einschaltet, solltest du ihn zusätzlich in die zweite Reihe, also leicht hinter dich schieben. So machst du ihm auf hündische Art klar, dass du die Situation ohne seine Hilfe lösen wirst.

Fazit

Du hast die Wahl und kannst deinem Hund deine Entscheidung unkompliziert mitteilen. Hat dein Hund bereits bestimmte Verhaltensweisen abgespeichert, reicht das pure Unterbinden von Führungsgesten nicht. Um sein Verhalten zu ändern, solltest du dir Unterstützung einer kompetenten Hundeschule holen.

RASSESPEZIFISCHE FÜHRUNGSGESTEN

Viele Hundehaltende lassen sich verunsichern, wenn behauptet wird, bestimmte Verhaltensweisen, die in der Literatur als Führungsgesten beschrieben werden, seien für bestimmte Hunderassen üblich und daher zu akzeptieren. Diese Argumentation greift jedoch zu kurz. Tatsächlich werden manche Hunderassen sogar gezielt auf bestimmte Eigenschaften hin gezüchtet, wodurch gewisse dominante Verhaltensweisen besonders ausgeprägt sein können, aber dennoch nichts an der Botschaft ändern.

STRATEGIEN VERSCHIEDENER HUNDERASSEN

Ein gutes Beispiel liefern uns Border Collies, Australian Shepherds und andere Hütehunde. Ihr häufig anzutreffendes Verhalten, nämlich das Umkreisen und Zusammenhalten, ist eine klassische Führungsgeste, die besonders häufig bei diesen Hunden zu beobachten ist. Dennoch muss uns klar sein, dass die Tiere, die gehütet werden, durch die Handlungen der Hunde geführt werden und es sich somit hier sehr wohl um eine klassische Führungsgeste handelt. Nur weil eine Hunderasse eine bestimmte Handlung bevorzugt, bedeutet das nicht, dass es sich nicht mehr um eine Führungsgeste handelt – es ist lediglich die „Lieblingsführungsgeste" der jeweiligen Hunderasse.
Labradore beispielsweise neigen dazu, Menschen oder andere Tiere anzurempeln oder sogar umzurennen. Doggen wiederum setzen sich gern rücklings auf Personen oder Gegenstände, wodurch sie ihre Menschen regelrecht „festnageln“ können. Generell nutzen Doggen oft ihre Kraft und Präsenz als dominante Ausdrucksform. Kleine Hunde hingegen tendieren eher zu manipulativem Verhalten. Sie haben erkannt, dass ihr süßes Aussehen uns Menschen oft weich macht. So hat jede Hunderasse ihre eigenen Strategien entwickelt, um uns zu bestimmten Reaktionen zu bewegen oder uns geschickt um den Finger zu wickeln.

Der gemütliche Schoß wird eindeutig verteidigt.

Bubbles fühlt sich zwischen den großen Pfoten von Alabai Victor sicher.

Die Dogge auf der Toilette

Manchmal können uns Führungsgesten, die zunächst lustig wirken, erheblich zusetzen. Eine meiner Kundinnen besaß eine Dogge, die allgemein verschiedene Verhaltensprobleme zeigte. Das größte Problem jedoch – und sie gestand es mir unter Tränen – war, dass sie ihre Toilettentür nicht abschließen und ihre Dogge Türen öffnen konnte.

Saß die Frau auf der Toilette und ihre Dogge hatte einen schlechten Tag, öffnete diese die Tür, marschierte in das Badezimmer hinein und setzte sich rücklings auf den Schoß ihrer Halterin. Dadurch konnte diese nicht von der Toilette aufstehen – mit heruntergelassenen Hosen sozusagen gefangen.

Im ersten Moment mag das lustig klingen, doch die Dogge blieb manchmal wirklich eineinhalb oder sogar zwei Stunden dort sitzen. Sobald die Frau versuchte, die Dogge von ihrem Schoß zu schieben, knurrte diese, fletschte die Zähne und verhinderte erfolgreich jede Bewegung. Nachdem wir trainiert und andere Führungsgesten thematisiert und unterbunden hatten, war dieses Problem behoben, und die Frau konnte wieder entspannt die Toilette benutzen.

Die Geschichte der Dogge zeigt deutlich, dass Führungsgesten durchaus ernsthafte Probleme bereiten, stark einschränken und sogar Angst auslösen können. Das scheinbar süße Verhalten, sich auf den Schoß zu setzen, kann in bestimmten Situationen tatsächlich gefährlich werden.

In der Pubertät kann es häufiger selbstverständlich sein, sich Dinge zu nehmen, …

WELPEN UND JUNG-HUNDE

Natürlich habe ich auch das große Glück, immer wieder Welpen aufwachsen zu sehen. Hier ist mir aufgefallen, dass Welpen und junge Hunde Führungsgesten sehr willkürlich einsetzen und ich konnte kein richtiges Schema erkennen. Zuerst verwirrte mich diese Tatsache, doch mit den Jahren konnte ich eine Erklärung finden. Ein Hund hat erst ab der Pubertät einen Anspruch auf eine bestimmte Position in einer Hundegruppe. Daraus ergibt sich – und das ist logisch –, dass ein Welpe und Junghund Führungsgesten sendet, nur um zu „üben". Solange ein Junghund behütet in seiner Familie aufwächst, gibt es für ihn keinen Grund zu klären, wer führt, da er als Junghund ohnehin weiß, dass er noch zu unerfahren ist, um führen zu können.

GRÜNDE FÜR FÜHRUNGSGESTEN IN DIESER ZEIT

Es gibt zwei Gründe, warum ein Welpe oder Junghund Führungsgesten sendet.

1. Der erste Grund ist der bereits genannte, nämlich, dass der junge Hund diese

Gesten immer wieder zeigt, um zu üben und sich so auf sein späteres Leben vorzubereiten.

2. Die zweite Möglichkeit, die leider immer häufiger vorkommt, ist, dass der Junghund so wenig Führungskompetenz bei seinem Menschen bzw. seiner Familie wahrnimmt, dass er besorgt ist, schon vor der Pubertät Verantwortung übernehmen zu müssen. Jetzt sind Führungsgesten ganz anders zu verstehen, nämlich genau so wie bei einem erwachsenen Hund, mit einem extra Schuss Verzweiflung.

Egal aus welchem Grund unser Junghund Führungsgesten sendet, wir sollten immer Führungskompetenz zeigen und Halt geben, aber nicht, indem wir Führungsgesten unterbinden, sondern indem wir Kompetenz in anderen Bereichen zeigen. Natürlich kann man jederzeit bestimmte Gesten unterbinden, wenn sie einen stören. Ich mag es zum Beispiel nicht, wenn ein Hund mich anspringt. Deshalb unterbinde ich das Anspringen schon sehr früh, aber nicht, weil ich eine Führungsgeste unterbinde, sondern weil ich ein Verhalten unterbreche, das mir nicht gefällt.

... die einem nicht gehören, und diese nicht wieder herzugeben.

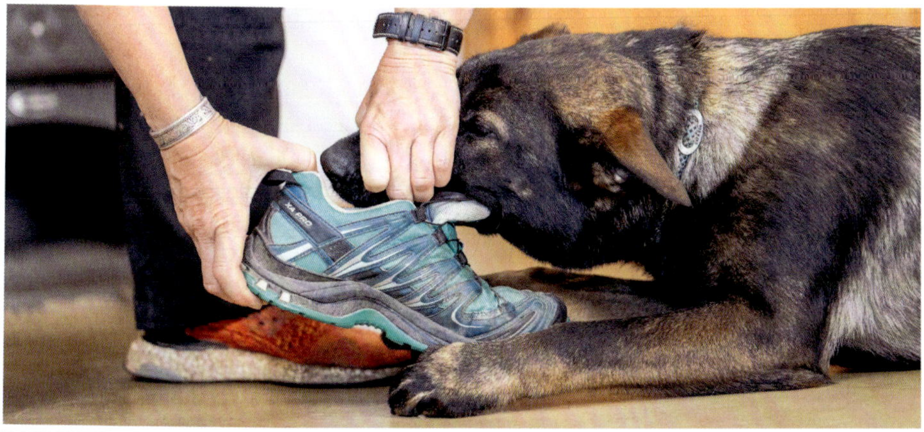

Manchmal wird dabei auch gerangelt und die gute Erziehung vergessen.

ANFRAGE ODER ANSAGE?

Bestimmt ist dir bereits aufgefallen, dass gewisse Gesten sowohl in Anfragen als auch in Ansagen eingeordnet werden. Das liegt daran, dass der Übergang von Führungsanfrage® zu Führungsansage® manchmal fließend ist. Im Grunde genommen ist nicht die Geste selbst entscheidend, sondern der Nachdruck bzw. die Heftigkeit, mit der dein Hund die Geste ausführt. Zu Beginn habe ich bereits erklärt, was die verschiedenen Gesten ausmacht und so ist natürlich der Übergang von zum Beispiel „einschränken“ und „heftig einschränken“ oder „dumm dastehen lassen“ und „erniedrigen“ manchmal sehr schwer zu erkennen und erfordert eine sehr gute Beobachtungsgabe. Du solltest die Einordnung auch nie verallgemeinern, sondern immer deinen Hund individuell betrachten, weil natürlich ein unsicherer Podenco aus dem Tierschutz weitaus sanfter seine Gesten und besonders auch Ansagen zeigen wird, als ein gut sozialisierter Labrador aus einer Zucht. Deshalb musst du alle Gesten, die du hier liest, individuell für deinen Hund betrachten, um dir ein klares Bild zu verschaffen und fair zu bleiben. **Oft ist es schwierig, eine klare Grenze zwischen Führungsanfrage® und Führungsansage® zu ziehen.**

Durch Zurückschieben kann man auf einfache Art die Grenzen erklären.

DIE INTENSITÄT MACHT DEN UNTERSCHIED

Die meisten Gesten in den Kategorien „Anfragen“ und „Ansagen“ haben etwas mit Heftigkeit zu tun, oder eben mit Sanftheit, mit Freundlichkeit. „Freundlich“ ist in der Regel eher als eine Anfrage zu werten. Heftig und fast schon kompromittierend, wenn der Hund signalisiert *„Du MUSST das jetzt tun!“* – spürst du schon in seiner Handlung, dass es ein vehementes *„Ich will das jetzt!“* und somit eine Ansage ist.
Das ist wichtig zu verstehen, aber definitiv nicht einfach. Ich habe es selbst gemerkt, als ich die Kategorisierung für dieses Buch vorgenommen habe. Es geht im Grunde immer um das Wechselspiel zwischen „leicht und heftig“. Und bei diesem „leicht und heftig“

So kann man seinem Hund auch einfach nur einen Rahmen geben.

musst du die Gesten manchmal mehrfach überprüfen, um dir sicher zu sein. Manchmal ist es auch einfach dein Bauchgefühl, das dir bei der Antwort hilft.
Was du ebenso im Blick haben solltest, ist das Naturell deines Hundes. Hier brauchst du großes Fingerspitzengefühl. Du musst lernen zu erkennen, ob die Handlung deines Hundes seinem Naturell nach eher sanft oder schon heftig ist.

SOUVERÄNITÄT AUSSTRAHLEN, NICHT GEWALT AUSÜBEN!

Häufig höre ich, dass es ein „No Go" in der Hundeerziehung sei, unseren Hunden gegenüber in jeglicher Form körperlich zu werden, zum Beispiel durch Anfassen, Positionieren oder Schieben. Ich habe aber im Umgang mit meinen Hunden festgestellt, dass es kaum eine eindeutigere, klarere und fairere Art gibt, unseren Hunden zu vermitteln, was wir von ihnen erwarten, als sie mit unseren Handen zu leiten. Hinzu kommt, dass in einer gut funktionierenden Beziehung, in der Vertrauen und Zuneigung die Basis bilden, Berührung als etwas Angenehmes empfunden wird. Hierfür müssen wir allerdings einige Dinge dringend beachten, damit wir von unseren Hunden nicht falsch verstanden werden oder wir sogar Vertrauen zerstören. Ich habe erkannt, dass es verschiedene Arten gibt, meine Hunde anzufassen und somit jede Berührung so wirken zu lassen, wie es der Kontext erfordert. Unterbinde ich beispielsweise eine Führungsgeste, sollte die Intension meiner Handlung sein, Souveränität auszustrahlen und meinem Hund ein Gefühl von Führung zu geben.

Auch im größten Gewusel darf die persönliche Ansprache nicht vergessen werden.

Sich seinem Ziel bewusst sein

Mit folgendem Beispiel lässt sich sehr gut erklären, wie meine Art des Anfassens auf meine Hunde wirkt. Ich muss meinen Hund nicht unbedingt anfassen, wenn ich ihn allein durch eine Geste oder verbale Äußerung in die zweite Reihe schicken kann. Ignoriert mein Hund allerdings diesen Auftrag, sollte ich ihn mit zwei Händen umfassen und sehr ruhig nach hinten schieben. Ist mein Hund dabei weich und arbeitet vielleicht sogar mit, benötige ich wenig Kraft, um ihn zu bewegen. Gibt er allerdings Gegenwehr, muss ich ihm einige Kraft entgegensetzen. Durch den Einsatz meiner ruhigen, aber kraftvollen Hände signalisiere ich Souveränität und Führung. Bemerke ich jedoch, dass mein Hund seine gesamte Kraft einsetzt, um mich an meinem Vorhaben zu hindern, sollte ich von der Kraft in den Schwung wechseln, meinen Hund also schwungvoll hinter mich bewegen. Bitte beobachte deinen Hund dabei genau, denn wenn er sich dabei anspannen sollte, ist ein Maulkorb ratsam und du solltest einen qualifizierte(n) Hundetrainer:in zurate ziehen. Es ist Vorsicht geboten, wenn ich mir meiner Ziele noch nicht bewusst bin, ich zum Beispiel nicht weiß, wie ich meine Hände platzieren möchte, wird aus Schwung sehr schnell ein hektisches Handeln. Hektisches Handeln wird vom Gegenüber immer als Unsicherheit gewertet. Wichtig: **Stärke zu beweisen, ist auf keinen Fall mit Gewalt zu verwechseln.**

SICH SEINER VERANTWORTUNG BEWUSST SEIN

Natürlich ist es unser tiefster Wunsch, unseren Hund immer beschützen zu können. Es ist aber wichtig, dass wir uns eingestehen, wenn wir eine Situation nicht sicher für den Hund beenden können. Daraus ergibt sich eine große Verantwortung, die schnell zu einem Vertrauensverlust führen kann. Wenn dein Hund in einer unbehaglichen Situation eine Führungsanfrage® oder Führungsansage® stellt, musst du genau einschätzen können, ob du die Situation so klären kannst, dass deinem Hund nichts passiert. Ebenso musst du wissen, dass du eine verantwortungsvolle Aufgabe hast, wenn dein Hund eine Führungsabgabe® sendet. Du musst diese Situation so lösen, dass dein Hund das Resümee zieht, dass es richtig war, die Führung abzugeben und dir zu vertrauen. Sollte deinem Hund etwas zustoßen, wird er es in Zukunft schwer haben, dir die Führung und damit den Auftrag des Schutzes vertrauensvoll zu überlassen. Auch hier wieder eine Situation, mit verschiedenen Lösungsmöglichkeiten.

Situationen bewusst beurteilen

Bei einem Spaziergang kommt dir ein nicht angeleinter, großer Hund entgegen, der einen unfreundlichen Eindruck macht. Dir ist klar, dass du keine Chance gegen diesen Hund hast, wenn er Aggressionen zeigen sollte. Deine Aufgabe ist es nun, deinem Hund zu vermitteln, dass du dir sicher bist, dass du ihm jetzt nicht helfen kannst. Du kannst, ohne weiter auf die Signale deines Hundes zu achten, in die zweite Reihe treten und deinem Hund so vermitteln, dass du nicht die Verantwortung übernehmen wirst. Dein Hund wird diese Geste verstehen und aktiv nach Lösungen suchen und du solltest versuchen, dich nicht einzumischen. Durch deine Ehrlichkeit wird dein Hund dir auch in anderen Situationen Glauben schenken können, wenn du Führung beanspruchst. Er hat gelernt, dass du nicht sinnlos auf Führung bestehst. Fatal wäre es, wenn du deinem Hund durch Unterbinden von Führungsgesten signalisierst, dass du die Situation meistern wirst, du damit aber überfordert bist und dein Hund zu Schaden kommt. Hier würdest du einen großen Vertrauensverlust herbeiführen, weil du deinem Hund vermittelst, dass du an Selbstüberschätzung leidest und er sich nicht auf dein Wort verlassen kann.

Und manchmal bedanken sie sich sogar …

… oder sind einfach nur genervt von uns.

Ich selbst erinnere mich an eine Situation, die ich vor Jahren mit meiner Gruppe erlebt habe. Wir waren im Feld spazieren und ich sah in der Ferne einen sehr großen Hund auf uns zu rennen. Ich legte alle meine Hunde ins Platz und stellte mich todesmutig vor meine Gruppe, in der Überzeugung, den Hund vertreiben zu können. Als der Hund kurz vor mir war, machte ich entschlossen einige Schritte nach vorne und versuchte den Hund zu verjagen. Der Hund lief um mich herum und biss sofort in einen meiner Corgis. Sofort sprang meine ganze Gruppe auf und verteidigte sehr überzeugend den Corgi und verjagte den großen Hund. Durch diese fatale Fehlentscheidung hatte ich wochenlang Probleme, wenn Hunde auf uns zu kamen, meine Hunde trauten mir keine zuverlässige Entscheidung zu. Es hat mich viel Arbeit, Beobachtungsgabe und Selbstdisziplin gekostet, um das Vertrauen meiner Hunde zurückzugewinnen, um zu erreichen, dass sie bei Hundebegegnungen wieder so entspannt blieben, wie sie es vor dem Vorfall waren. Wäre ich einfach hinter meine Gruppe getreten, ohne ihnen ein Kommando zu geben, wäre die Situation weit weniger heftig verlaufen, und sie hätten mir weiterhin vertraut.

»Übernimm nur Führung, wenn du auch führen kannst.«

Soja zeigt hier sehr deutlich, dass sie sich in dieser Situation unwohl fühlt.

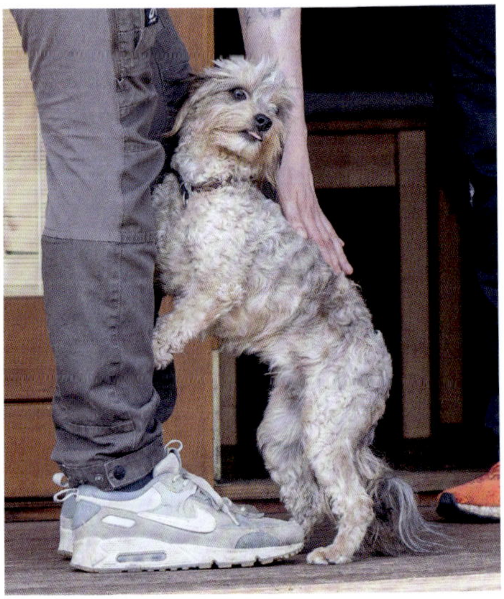

Auch dieses Anspringen drückt einen klaren Hilferuf der Hündin aus.

Wie schön ist es, wenn die Kommunikation mit unseren Hunden funktioniert und wie viel Raum schafft das für schöne Momente.

FÜHRUNG VON UNSICHEREN HUNDEN

Viele Führungsgesten sind ein Zeichen für einen unsicheren, Halt suchenden Hund. Deine Aufgabe ist es zu klären, warum dein Hund dir gegenüber so viele Führungsgesten sendet und wo Missverständnisse liegen.

DIE GEFAHR DER NICHTREAKTION

Sobald dein Hund eine Führungsgeste sendet, bist du, auch wenn du es nicht möchtest, mit ihm in Kommunikation. Auch wenn dir das nicht bewusst ist, bedeutet in diesem besonderen Spektrum der Mensch-Hund-Kommunikation auch eine Nicht-Reaktion für deinen Hund, dass du dich äußerst. Du stellst dadurch deinem Hund frei, die Situation eigenständig zu lösen, zu entscheiden, wie ihr weiter agiert und dir egal ist, wie diese Entscheidung ausfällt. Genau genommen kommunizierst du, dass du jede seiner Entscheidungen akzeptieren wirst. Hast du einen unsicheren Hund, führt das sehr schnell zu Überforderung, da du deinem Hund keine Unterstützung bietest und, sogar noch viel schlimmer, ihm signalisiert, dass du keine Idee hast, was jetzt richtig wäre. Dadurch erhöhst du den Stress und dein unsicherer Hund fühlt sich alleine gelassen. Natürlich kann es für dich auch Momente der Unentschlossenheit geben. Dann ist es möglich, so zu reagieren. Dies sollte aber nicht zur Gewohnheit werden. Hunde, die selten oder gar keine Antwort bekommen, fahren die Kommunikation zu ihren Menschen bestmöglich herunter, denn sie haben gelernt, dass kommunizieren nicht notwendig ist.

→ **Keine Antwort ist auch eine Antwort!**

Was du tun kannst

1. Achte auf die Führungsgesten deines Hundes. Sie könnten auch ein Zeichen für Missverständnisse sein.
2. Reagiere bewusst auf diese Gesten. Ignorieren ist keine Lösung.
3. Sei geduldig. Es kann etwas Zeit und Übung brauchen, bis ihr euch perfekt versteht.

Das Üben von Tricks erhöht die Aufmerksamkeit.

FÜHRUNGSGEFÜGE DURCH KOMMANDOS STÄRKEN

Ohne, dass es uns bewusst ist, senden wir durch die Gabe von Kommandos tagtaglich Führungsanfragen® und Führungsansagen®.

DAS KOMMANDO: ANFRAGE ODER ANSAGE?

Jedes Mensch-Hund-Team definiert Erziehung auf höchst individuelle Art. Es gibt meistens zwei Gruppen:

- **A** Der Mensch gibt ein Kommando und wiederholt und erinnert seinen Hund so lange an dieses, bis dieser es ausführt oder der Mensch aufgibt.
- **B** Der Mensch gibt dem Hund ein Kommando und besteht nachdrücklich, gegebenenfalls mit Konsequenzen, darauf, dass der Hund das Kommando ausführt.

Wie du dir vielleicht schon vorstellen kannst, stellt Gruppe A mit der Gabe des Kommandos eine Führungsanfrage® und Gruppe B eine Führungsansage®. Dies will ich anhand des Kommandos „Sitz" verdeutlichen.

Die Anfrage

Wenn du dich daran erinnerst, wie ich die Führungsanfrage® definiert habe, weißt du: Eine Führungsanfrage® bedeutet unter anderem, den anderen etwas tun lassen oder daran erinnern, etwas zu tun, was er nicht vorhatte. Gehörst du zu Gruppe A, machst du genau das, wenn du das Kommando „Sitz" gibst. Da du deinem Hund einräumst, auf dein Kommando so zu reagieren, wie er es möchte, stellst du ihm die Frage, wer führt. Reagiert dein Hund auf dein Kommando, indem er sich hinsetzt, macht er eine Führungsabgabe® und lässt dir den Vortritt. Ignoriert er dein Kommando, bleibt aber bei dir, ist

Somit sieht der Hund über deine Fehler hinweg.

Das schafft tiefes Vertrauen.

er sich unschlüssig, wie er die Führungsfrage beantworten soll. Ignoriert er dich und damit auch dein Kommando, entfernt sich schlimmstenfalls noch von dir oder wendet sich demonstrativ von dir ab, zeigt er dir, dass er auf deine Anfrage hin die Führung gern übernimmt.

Die Ansage

Eine Führungsansage® beinhaltet unter anderem, das Gegenüber heftig einzuschränken. Wenn du also deinem Hund das Kommando „Sitz" gibst und zu Gruppe B gehörst, ist dein Kommando eine Führungsansage®. Du lässt dem Hund keine Wahl, ob er reagieren und dir die Führung überlassen möchte oder nicht. Da du darauf bestehst, dass dein Hund das Kommando ausführt, schränkst du ihn ein und hast ihm somit mit deinem Kommando verdeutlicht, dass du führst. Sollte er sich dagegen wehren, akzeptiert er deine Ansage nicht. Er sieht euer Führungsgefüge anders als du.

Was bedeutet das für dich?

1. Sei dir bewusst, dass jedes Kommando eine Form der Führungskommunikation sein kann.
2. Überlege dir bei jedem deiner Kommandos, ob du sie in Zukunft immer als Anfrage oder Ansage formulieren willst. Ein Wechsel, je nach Stimmung und Situation, ist nicht möglich. Einmal festgelegt, muss das jeweilige Kommando immer im gleichen Führungskontext gegeben werden. Diesen kannst du auch nach Wochen oder in besonderen Situationen nicht wechseln.
3. Beobachte, wie dein Hund reagiert – seine Reaktion sagt dir viel über eure Beziehung.
4. Verstehe, wenn dein Hund mal nicht sofort folgt. Vielleicht hat er einen Grund dafür.

Jede Interaktion mit deinem Hund ist eine Chance, eure Beziehung zu klären und zu stärken. Nutze sie bewusst!

FÜHRUNGSGESTEN AUF EINEN BLICK

Um dir die praktische Arbeit mit den Führungsgesten zu erleichtern, findest du auf den folgenden Seiten eine Gesamtübersicht aller Gesten, die ich über die Jahre zusammentragen konnte.

BEOBACHTUNGSZEITRAUM

Mache dir eine Kopie dieser Liste, wenn du längerfristig mit den Führungsgesten arbeiten möchtest. So kannst du die Entwicklung deines Hundes über einen längeren Zeitraum verfolgen und bleibst kontinuierlich am Ball.
Um dir den Umgang mit den einzelnen Gesten zu erleichtern, ist es sicherlich sinnvoll, diese in Anfrage, Ansage und Aussage einzuordnen. Du machst es dir leichter, wenn du für die Einordnung einfach **?/!/.** wählst.

TRAININGSÜBERPRÜFUNG

Als zusätzliche Hilfestellung bekommst du hier die Möglichkeit, selbst in die Einschätzung deines Hundes zu gehen. Nutze die Tabelle als Trainingsüberprüfung: Markiere alle Gesten, die dein Hund zu Beginn deiner Überprüfung zeigt und führe über zwei Tage eine Strichliste in der Tabelle. So kannst du nicht nur einschätzen, welche Gesten dein Hund zeigt, sondern auch, wie häufig sie auftreten.

Wiederholungen

Um deinen Lernerfolg zu dokumentieren und deinen Blick für die Gesten weiter zu sensibilisieren, findest du weitere Spalten, um die Überprüfung zu wiederholen; am besten nach zwei Wochen und noch einmal nach einem Monat. Mit der Zeit solltest du die Gesten besser wahrnehmen, um sensibler auf sie reagieren zu können.

Mit geschultem Auge wirst du sehen, dass James hier mehrere Führungsgesten zeigt.

FÜHRUNGSGESTE	1. PROTOKOLL	2. PROTOKOLL	3. PROTOKOLL
1. Auf die Füße setzen stellen oder legen			
2. Unaufgefordertes Berühren			
3. Vorsichtiges Anspringen			
4. In den Weg setzen, stellen, legen oder laufen			
5. Pfote auf oder über den Fuß auflegen oder andrücken			
6. Sich gegen die Korrektur steif machen oder wehren			
7. Luftschnappen oder Nachschnappen			
8. Lecken im Konflikt			
9. Anlehnen			
10. Voraussitzen oder Vorausliegen			
11. Zu großer oder konstanter Abstand beim Spazierengehen			
12. An-der-Leine-Ziehen			
13. Bedrängen			
14. Häufiges Anstupsen			
15. Tempo oder Richtung vorgeben			
16. Vermehrtes Schnüffeln			
17. Ignorieren			
18. Kommandos überhören			
19. Leichtes Anrempeln			
20. Gehorsam verzögern			
21. Splitten			
22. Anbellen			
23. Aktives Betteln			
24. Klammern			
25. Angst vortäuschen (als Manipulation)			
26. Eifersucht			
27. Schaulaufen			
28. Mensch durch verschiedene Handlungen aktivieren			
29. Mensch(en) im Haus bzw. die Umgebung kontrollieren			
30. Umkreisen bzw. zusammenhalten			
31. Anstarren			
32. Bei Korrektur ausweichen			

FÜHRUNGSGESTE	1. PROTOKOLL	2. PROTOKOLL	3. PROTOKOLL
33. Besuch lautstark in Empfang nehmen und sich nicht beruhigen lassen			
34. Regelmäßiges Antesten, ob die Regel noch besteht.			
35. Extremes oder gar kein Begrüßen			
36. Unaufgefordertes Einnehmen von erhöhten Plätzen			
37. Anfangen, zu fressen, zu trinken, zu spielen oder Dinge durch die Gegend zu tragen, wenn jemand kommt.			
38. Dinge stehlen, zerstören, einnehmen, die dem Hund nicht gehören.			
39. Kühlschrank, Spülmaschine, Herd, Mülleimer, Einkauf, Mensch bei Heimkehr oder den Tisch kontrollieren			
40. Markieren an unnormalen Stellen			
41. Aufreiten, baggern oder gockeln			
42. Nachhaltiges Zum-Spiel-Auffordern			
43. Aufmerksamkeitsheischendes Verhalten			
44. Überholen bei engen Durchgängen, Treppen oder Türen			
45. Initiative ergreifen (Leinebeißer, Leinenaggression, Futter einfordern)			
46. Besuch kontrollieren und dominieren			
47. Zum Streicheln auffordern			
48. Nicht akzeptieren von gleichgeschlechtlichen Hunden			
49. Mit geschlossenem Maul bei Korrektur stoßen			
50. Gezieltes Platzieren oder Zur-Schau-Stellen von Kot und Urin			
51. Dinge sichern, verteidigen oder nicht hergeben			
52. Futter demonstrativ stehen lassen			
53. Wenn Mensch isst oder mit Essen hantiert, dichter bei ihm sein als sonst.			
54. Nach dem Pinkeln oder Kotabsetzen scharren			
55. Körperkontakt beenden, wenn es ihm reicht.			

FÜHRUNGSGESTE	1. PROTOKOLL	2. PROTOKOLL	3. PROTOKOLL
56. Hund bestimmt wann, wie, wo, von wem er angefasst wird.			
57. In Pfützen oder Bäche pinkeln			
58. Im Schritt schnüffeln			
59. Über den Urin der Bezugsperson oder anderen Hunden pinkeln			
60. Liegeplätze zentral, in der Nähe von Ausgängen bzw. von Essbarem wählen			
61. Schlecht alleine bleiben			
62. Auf Korrektur übertrieben reagieren.			
63. In der Gruppe nicht dulden, wenn sich jemand entfernt.			
64. Beim Pinkeln oder Kotabsetzen weiterlaufen.			
65. Sich schlecht begrenzen lassen			
66. Maulkorb, Halti, Geschirr oder Mantel nicht akzeptieren			
67. Über den Menschen drüber laufen, stellen oder legen.			
68. Kot oder Urin bewusst platzieren			
69. Heftiges Anrempeln			
70. Rituale einfordern			
71. Sich selbst übertrieben korrigieren, dabei den Menschen kompromittieren.			
72. Tempo und Richtung vorgeben (heftig)			
73. Heftiges Anspringen			
74. Dem Gegenüber seine Art des Spiels und Kontakts aufdrängen.			
75. Den Menschen sich bewegen lassen, um seine Belange durchzusetzen.			
76. Rempeln und Drängeln bei Treppen, Türen und schmalen Durchgängen.			
77. Hinterteil seitlich vom Menschen wegdrehen.			
78. In der Gruppe nicht hinten laufen können.			
79. Drohen			
80. Arm kneifen			

EINBLICKE
— *ins Hundetraining*

DIE SACHE MIT DER KONSEQUENZ

„Du musst konsequent sein!" Kaum ein Satz begegnet Hundemenschen so häufig wie dieser – dicht gefolgt von: *„Du musst Chef sein!"* Beide Aussagen wirken eindeutig, sind es aber in Wahrheit nicht. Denn die wenigsten Menschen haben ein präzises Bild davon, was „konsequent sein" im Alltag mit einem Hund tatsächlich bedeutet. Trotzdem wird oft vorausgesetzt, dass jeder dieselbe Vorstellung davon hat. In der Realität kocht jedoch fast jeder sein eigenes Süppchen. Damit Menschen, die mit mir arbeiten, nicht ratlos zurückbleiben, habe ich einfache und klare Regeln formuliert, die konsequentes Handeln verständlich und umsetzbar machen. Sie dienen als Leitfaden, der Orientierung gibt, ohne zu überfordern.

REGEL NR. 1

Ein Kommando wird nur einmal ausgesprochen. Danach wird es – wenn nötig – händisch unterstützt, also durch sanftes Formen des Verhaltens.

Genau an diesem Punkt blicke ich häufig in erstaunte Gesichter. Viele sind überzeugt, es reiche aus, ein Kommando so lange zu wiederholen, bis der Hund es endlich ausführt. Doch es ist entscheidend, dass der Hund versteht: Ein Kommando ist ein Auftrag, keine Bitte. Hier geht es um liebevolle, klare Führung.

Bevor ich also ein Kommando gebe, sollte ich mir bewusst machen: Erwarte ich, dass der Hund das jetzt wirklich tut, oder mache ich ihm nur einen unverbindlichen Vorschlag? Möchte ich, dass mein Hund zuverlässig handelt, führt kein Weg daran vorbei, diese Entscheidung zu treffen. Und seien wir ehrlich: In einer perfekten Welt würden wir uns alle wünschen, dass der Hund das Kommando direkt beim ersten Mal ausführt.

WARUM DAS SO WICHTIG IST

Es gibt Situationen, in denen kann es überlebenswichtig sein, dass ein Hund sofort reagiert – etwa im Straßenverkehr oder bei Gefahren.

Wenn ich im Alltag jedoch zufrieden bin, dass mein Hund zum Beispiel erst beim fünften Kommando handelt, dann hat er schlicht gelernt, mich viermal zu ignorieren. Genau dieses erlernte Ignorieren kann im Ernstfall gefährlich werden.

Hinzu kommt: Wenn der Hund das Kommando manchmal beim ersten, manchmal beim dritten und manchmal beim zehnten

»Menschen mit Verantwortung treffen Entscheidungen, Menschen ohne Verantwortung machen Vorschläge.«

Vertrauensvolles Folgen durch berechenbare Konstanz.

Mal ausführt, entsteht Willkür. Oft hängt die Wiederholung des Kommandos nämlich von unserer Stimmung ab:

— An guten Tagen wiederholen wir es mehrfach und nehmen es nicht so genau.
— An schlechten Tagen sind wir schneller genervt und erwarten plötzlich eine sofortige Reaktion.

Für den Hund ist das völlig unverständlich und unfair.

ES GEHT NICHT UM STRENGE, SONDERN UM KLARHEIT

Konsequenz bedeutet nicht Härte. Konsequenz bedeutet Klarheit.

Sie vermittelt dem Hund, wie wichtig es ist, Kommandos zuverlässig auszuführen und uns nicht auszublenden. Ich gebe daher nur dann ein Kommando, wenn es mir wirklich wichtig ist, dass der Hund es befolgt. Bis dahin dürfen sich meine Hunde frei verhalten, wie sie es wollen.
Gebe ich ein Kommando und der Hund reagiert nicht, helfe ich ihm durch sanftes, körperliches Unterstützen. Ich fasse ihn ruhig mit beiden Händen und forme die Position, die ich mir wünsche – Sitz, Platz oder was gerade gefragt ist. Das geschieht ohne Druck, ohne Ärger und ohne unnötige Energie. Die Botschaft lautet: *„Schau mal, so sieht das Kommando aus. Du konntest es scheinbar gerade nicht wissen – also zeige ich es dir einfach noch einmal."*
Diese Vorgehensweise bleibt immer liebevoll, klar und zugewandt. Sie schafft nicht nur Verständnis, sondern baut Vertrauen auf – die Grundlage jeder guten Mensch-Hund-Beziehung.

REGEL NR. 2

Ein Kommando bleibt so lange bestehen, bis ein neues gegeben wird.
Viele Menschen fragen sich zunächst, warum das wichtig ist. Schließlich könnte man doch einfach wiederholt „Bleib" sagen.
Das Problem dabei ist, dass dieses ständige Wiederholen meist aus Unsicherheit entsteht, aus dem Gefühl heraus, nicht sicher zu sein, ob der Hund wirklich sitzen oder liegen bleibt. Doch bin ich selbst unsicher und muss das Kommando ständig wiederholen, wird mein Hund niemals lernen, verlässlich in seiner Position zu bleiben. Genau diese Verlässlichkeit brauche ich jedoch im Ernstfall: Wenn wir an einer Straße stehen, kann es lebensgefährlich werden, wenn der Hund plötzlich aufspringt. Auch wenn ein fremder Hund auftaucht, ist es für mich –

Wenige Worte, aber viel Vertrauen und freiwillige Gemeinsamkeit.

gerade mit mehreren Hunden – essenziell, dass alle zuverlässig in ihrer Position bleiben und nicht selbstständig entscheiden, aufzustehen.

MEHR RUHE UND GELASSENHEIT IM ALLTAG

Es gibt viele Alltagssituationen, in denen ich nicht permanent eingreifen kann. Wenn mich zum Beispiel Passanten in ein Gespräch verwickeln, kann ich das Gespräch nicht ständig unterbrechen, um immer wieder „Bleib" zu wiederholen. Meine Hunde wissen: Wenn ich „Platz" sage, bleiben sie liegen – so lange, bis ich eine neue Anweisung gebe. Diese Klarheit ermöglicht es ihnen, sich zu entspannen. Sie müssen nicht durch Zucken oder wiederholtes Aufstehen prüfen, ob ich noch aufmerksam bin oder ob ich ihre Position bereits aufgehoben habe.
Das bringt nicht nur Ruhe in meine Hundegruppe, sondern fördert auch im Training mit anderen Hunden eine gelassene Grundstimmung. Ich mag es überhaupt nicht, wenn Hunde angestupst werden, einen Leinenruck bekommen oder durch Zwicken korrigiert werden. Stattdessen gehe ich ganz ruhig und freundlich zu meinem Hund, wenn er aufsteht, forme das gewünschte Verhalten – Sitz, Platz oder was auch immer gerade geübt wird – einfach erneut und gehe wieder weg. Ohne Ärger, ohne Druck. Mein Hund soll einfach verstehen, was ich von ihm erwarte, und kann dabei entspannt bleiben.

REGEL NR. 3

Ein Kommando muss für den Hund immer die gleiche Bedeutung haben.
Dazu bekommt ihr eine hilfreiche Kommandoliste, die dabei unterstützt, klare und einheitliche Signale zu verwenden (siehe S. 146). Ich erwähne diesen Grundsatz häufig und viele Menschen sind überzeugt, dass sie sich daran halten. Erstaunlicherweise tun wir das in der Realität jedoch oft nicht. Wir alle haben recht unterschiedliche Vorstellungen davon, wie genau ein Hund eine Anweisung ausführen soll. Diese Vorstellungen schwanken zudem je nach Stimmung, Aufmerksamkeit oder Ablenkungsgrad.
Soll zum Beispiel der Hund leinenführig neben uns laufen, dann erwarten wir in einer Situation, dass der Hund ganz eng neben uns läuft. In einer anderen Situation – vielleicht weil wir gut gelaunt oder abgelenkt sind – erlauben wir ihm plötzlich mehr Raum (siehe hierzu auch S. 151 ff.). Oder wir geben das Kommando „Platz": Mal soll der Hund sich sofort und exakt an eine bestimmte Stelle legen, etwa wenn ein anderer Hund naht. Ein anderes Mal gestatten wir ihm, sich erst einen gemütlicheren Platz zu suchen, weil es gerade „eh egal" erscheint.
Für den Hund entsteht dadurch eine gewisse Unberechenbarkeit unsererseits. Er kann nicht klar einschätzen, was unsere tatsächliche Erwartung ist. Problematisch wird es, wenn die Ausführung eines Kommandos

situativ völlig unterschiedlich gefordert wird – oder, schlimmer noch, von unserer jeweiligen Laune abhängt. Unser Hund sollte unseren Stimmungsschwankungen selbstverständlich nicht ausgeliefert sein. Sorgen wir stattdessen konsequent dafür, dass ein Kommando immer die gleiche Bedeutung hat – unabhängig von Kontext, Ablenkung oder Tagesverfassung – schaffen wir für unseren Hund Klarheit und Fairness. Und wir erleichtern uns selbst den Umgang mit ihm, weil wir eindeutige, verlässliche Regeln etablieren.

REGEL NR. 4

Ein Kommando sollte nur dann gegeben werden, wenn man – im wahrsten Sinn „physisch und psychisch" – dazu bereit ist, es konsequent durchzusetzen.

Dieser Satz sorgt oft für ein Schmunzeln, aber er ist wesentlich wichtiger, als viele zunächst denken. Wenn ich schon im Voraus weiß, dass ich nicht sicher bin, ob der Hund das Kommando überhaupt ausführen wird, oder wenn ich nicht bereit bin, bei Bedarf nachzufassen und dafür zu sorgen, dass er es tatsächlich tut, dann gebe ich dieses Kommando nicht.

Ein Beispiel: Ich stehe unter der Dusche, habe vergessen, die Tür zu schließen, und mein Hund spaziert ins Badezimmer. Ich möchte eigentlich, dass er wieder hinausgeht, rufe „Raus", habe aber keinerlei Absicht, pitschnass aus der Dusche zu steigen, um ihn tatsächlich herauszuführen. Der Hund legt sich auf den Badvorleger und ich tue letztlich nichts dagegen. In so einer Situation habe ich zwei Möglichkeiten für die Zukunft:

1. Ich gebe das Kommando und bin dann auch bereit, aus der Dusche zu steigen und es einzufordern.
2. Ich spare mir das Kommando und ärgere mich höchstens darüber, dass ich die Tür offengelassen habe.

Das Gleiche gilt, wenn ich entspannt auf der Couch liege. Natürlich hätte ich gerne, dass die Hunde sich hinlegen, wenn sie herumtapsen. Aber ein echtes „Platz"-Kommando würde bedeuten, dass ich aufstehen und dafür sorgen muss, dass sie sich nicht nur hinlegen, sondern auch liegen bleiben. Würden sie wieder aufstehen, müsste ich jedes Mal nacharbeiten. Und ganz ehrlich: Dazu habe ich in solchen Momenten schlicht keine Lust.

SEMIKOMMANDOS

Aus diesem Grund habe ich sogenannte Semikommandos eingeführt. Sie sind im Grunde Verhaltensempfehlungen: Ich sage dem Hund, was ich mir wünsche, darf es beliebig oft wiederholen – und der Hund darf entscheiden, wann und wie er es umsetzt. Sage ich etwa: „Leg dich hin", kann er sich einen gemütlichen Platz aussuchen. Steht er wieder auf, ist das kein Problem; dann sage ich es eben erneut.

Diese Semikommandos funktionieren wunderbar im Alltag, aber natürlich nicht in Situationen, in denen ich absolute Zuverlässigkeit brauche – etwa bei Hundebegegnungen oder in sicherheitsrelevanten Momenten. Dort müssen echte Kommandos gelten, die sofort und eindeutig ausgeführt werden.

DIE ZWEI KATEGORIEN

— Kommandos = klare, verbindliche Anweisungen
— Semikommandos = Vorschläge oder freundliche Hinweise

Dieses System macht den Alltag wesentlich entspannter und sorgt gleichzeitig dafür, dass ich konsequent und fair bleiben kann. Denn ich entscheide bewusst, ob ich bereit bin, ein echtes Kommando durchzusetzen, oder ob im jeweiligen Moment eine unverbindliche Empfehlung völlig ausreicht.

STRUKTUR BEIM LERNEN VON KOMMANDOS

Im Training mit meinen Kund:innen erlebe ich oft Hunde, die provokativ und/oder verzweifelt ungehorsam sind. Der häufigste Grund liegt in der Inkonsequenz vieler Menschen, was ihnen jedoch nicht bewusst ist. Doch es ist trotz größter Bemühung, konsequent zu sein, nicht möglich, dem Hund gegenüber immer fair zu bleiben, wenn bei den Kommandos keine Struktur vorhanden ist. Der Hund kann nicht antizipieren, also vorhersehen, was wir nach einem Signal von ihm erwarten. Wenn wir nach der Gabe eines Kommandos nicht immer an der gleichen Stelle reagieren, lernt er nicht zwischen richtig und NICHT richtig zu unterscheiden.

DIE KOMMANDOLISTE

Als erstes lasse ich deshalb meine Kund:innen immer eine Kommandoliste erstellen. Es werden also alle Kommandos aufgeschrieben, die im Alltag genutzt werden, jedoch keine Tricks oder Kunststücke sind. Probiert es einmal aus! Habt ihr alle Kommandos notiert, dann schreibt dahinter, was euer Hund leisten bzw. zeigen muss, damit er in euren Augen ausreichend richtig handelt. Erst einmal klingt das sehr einfach, doch es ist weitaus anspruchsvoller, als ihr vielleicht denkt. Genau genommen müsst ihr den Punkt definieren, ab dem ihr eurem Hund klar macht: *„Jetzt handelst du nicht mehr in*

Durch Struktur und Genauigkeit, …

… einfache Gesten und Aufträge, …

... kommt Frau Knut freudestrahlend auf die kleinste Geste zu Nadine.

meinem Sinn." Das müsst ihr so festhalten, dass ihr immer an der gleichen Stelle reagiert, egal wie die Situation sich darstellt oder eure Laune gerade ist.

BEISPIEL: HINLEGEN

Am besten kann ich euch das einmal am Beispiel „Hinlegen" erklären und wir verwenden dafür das Kommando „Platz". Wollt ihr für dieses Verhalten Aufzeichnungen in der Kommandoliste machen, müsst ihr euch folgende Fragen stellen – nach der Abgabe des Kommandos:

- Wie lange hat mein Hund Zeit, um das Kommando auszuführen?
- Wie viele Schritte darf er noch gehen?
- Wie lange muss er das Kommando ausführen?
- Wie oft gebe ich das Kommando, bis er das richtige Verhalten zeigt?
- Wie viel Freiraum hat mein Hund, wenn er im Kommando ist (z. B. darf er sich nochmal umdrehen, darf er aufstehen, an sich schnüffeln usw.)?
- In welcher Position soll mein Hund sein, wenn ich ihm das Kommando gebe?

Gerade die letzte Frage ist für viele erst einmal unwichtig, da es für sie klar zu sein scheint. Aber du solltest dir Gedanken darüber machen, ob Im-Platz-Liegen für dich unbedingt die Sphinx-Stellung bedeutet? Oder ist es vielleicht sinnvoller, deinem Hund einzuräumen, in der Liegeposition überall hinzuschauen, sich auf die Seite fallen zu lassen oder auf den Rücken zu drehen? Hauptsache, er liegt zuverlässig, der Rumpf ist am Boden und er hinterfragt deinen Auftrag nicht?
Häufig wird zu viel Wert auf Position und Schnelligkeit gelegt, was für den Hund unnötig Stress bedeutet. Es ist dann auch schwierig, konsequent zu sein, da es dem Hund schwerfällt, das Kommando (in meinem Sinn) korrekt auszuführen. Je „lockerer" ich festlege, ab wann ein Kommando ausgeführt ist und ich nicht eingreifen muss, desto leichter fällt es meinem Hund, etwas richtig zu machen. Somit werden Kommandos freudiger und zuverlässiger ausgeführt und ich kann öfter loben. Definiere immer so, dass das Kommando nützlich ist. Lass unnötige Anforderungen weg.

TRAINING: DECKE

Das Deckentraining ist in meiner Welt ein zentrales Element, um mehr Ruhe in das Zusammenleben mit dem Hund zu bekommen. Zudem bekommt er dadurch auch die Möglichkeit, seinen Schlaf, den er unbedingt benötigt, wahrzunehmen. Gleichzeitig lernt der Hund, dass es absolut in Ordnung ist, einfach mal zur Ruhe zu kommen, ohne ständig das Gefühl zu haben, er müsse etwas tun oder er würde etwas verpassen.

WELCHES KOMMANDO EIGNET SICH?

Achte zunächst darauf, dass du für dieses Verhalten ein anderes Kommando verwendest als für das Hinlegen. Das Kommando „Platz" verwenden vermutlich viele von euch, um dem Hund den Auftrag zu geben, er soll sich an Ort und Stelle hinlegen und warten, bis er einen neuen Auftrag bekommt. Das Kommando „Geh auf deinen Platz!" ist somit unpassend, weil er sich dann ja erst noch zu seinem Platz bewegen muss. Sage ich aber meinem Hund, er soll auf die Decke gehen, könnte es mir auch idealerweise nicht wichtig sein, ob er auf der Decke sitzt, steht oder liegt. Im Prinzip sollte er auf der Decke machen können, was er möchte, solange er dort bleibt. Das heißt, beim Deckentraining geht es um den Ort und beim „Platz" um die Position. Deshalb solltest du diese beiden wichtigen Elemente verschieden benennen und auch getrennt voneinander üben. Ich verwende im nachfolgenden Text das Wort „Decke".

WAS ERWARTEST DU VON DEINEM HUND

Im Vorfeld solltest du dir unbedingt im Klaren darüber sein, was genau du von deinem Hund erwartest, wenn du das Kommando gibst.

— Soll dein Hund vollständig auf der Decke bleiben oder reicht es, wenn nur ein Teil von ihm darauf liegt?
— Soll er sitzen, stehen oder liegen – oder ist das egal?
— Wie lange soll er auf seiner Decke bleiben?

Definiere für dich, was du trainieren willst, und wie der Rahmen aussieht, den dein Hund einhalten soll. Auch hier finde ich, dass es immer schöner ist, dem Hund einen sehr weiten Rahmen zu geben, also ihm viel Freiraum zu gewähren. So ist es für ihn leichter, alles richtig zu machen, und für euch, konsequent zu bleiben.

DER RICHTIGE ORT

Achte darauf, dass sein Körbchen an einem Ort steht, an dem sich dein Hund weder in der Verantwortung fühlt, alles im Blick zu behalten und zu bewachen, noch das Gefühl hat, ausgeschlossen oder isoliert zu sein. Es sollte also ein Ort sein, an dem er sich wirklich entspannen kann.

AUFBAU DES TRAININGS

— Beginne das Deckentraining, indem du deinem Hund zunächst den Auftrag „Decke" gibst. Führe ihn dann ruhig und gelassen am Halsband oder Geschirr auf seine Decke.
— Jedes Mal, wenn dein Hund die Decke verlässt, gibst du ein kurzes, negatives

Gut aufgebaut, wirst du merken, wie wundervoll dein Hund entspannen kann, wie Grappa und Vidocq.

Geräusch von dir, gehst zu ihm und führst ihn händisch wieder auf die Decke.

— Das wiederholst du so lange, bis dein Hund dort bleibt, bis du ihn dort wieder abholst.
— Erst dann kannst du die Distanz vergrößern und dann auch einmal den Raum verlassen. Aber vergiss bitte nicht, immer ein aufmerksames Auge auf deinen Hund zu haben.
— Nach und nach kannst du auch die Ablenkung erhöhen. Du kannst zum Beispiel die Keksdose öffnen, zum Kühlschrank gehen, die Türklinke betätigen oder – als absolute Krönung – an der Tür klingeln.

Gerade für diejenigen, deren Hunde beim Klingeln oder bei Besuch völlig aus dem Häuschen geraten, ist das Deckentraining eine hervorragende Trainingsmöglichkeit: es klingelt (du kannst sie selbst bedienen), und in diesem Moment gibst du das Kommando „Decke" und bringst deinen Hund ruhig an diesen Ort. So verknüpft dein Hund das Klingeln mit dem Gang auf seine Decke und nicht mit Besuch. Mit der Zeit wird er beim Klingeln von sich aus auf seine Decke gehen, und die gesamte Situation rund um den Besuch verläuft viel entspannter und ruhiger.

NOCH EIN WORT ZUM NEGATIVEN GERÄUSCH

Auch wenn dein Hund bereits auf das negative Geräusch hin reagiert und selbstständig auf seine Decke geht, läufst du hinterher und berührst ihn kurz. Du führst also deine Handlung zu ende, die du gerade ausführen wolltest. Zudem stellst du mit der Berührung auch wieder Nähe zu deinem Hund her – er soll nicht durch ein unpersönliches Training Abstand zu dir halten.

GANZ WICHTIG: DAS ABHOLEN

Beende das Training nicht, indem du deinen Hund von der Decke abrufst oder ihm ein Auflösekommando gibst, sondern hole ihn jedes Mal von seiner Decke ab. Dieses Abholen ist entscheidend! Dadurch lernt dein Hund, dass er nicht in ständiger Erwartungshaltung auf der Decke liegen muss. Er lernt, dass er nicht mit gespitzten Ohren und wachsamen Augen darauf warten braucht, dass du ihn endlich freigibst. Stattdessen kann er sich wirklich entspannen und einschlafen, weil er weiß, du kommst zu ihm, berührst ihn und lässt ihn aufstehen, wenn das Kommando

Charly hat ihre eigene Idee vom Deckentraining.

beendet ist. Auf diese Weise lernt dein Hund, dass er mitbekommen wird, wenn sich etwas verändert. Du wirst ganz schnell merken, dass dein Hund auf der Decke entspannen kann, ohne in ständiger Erwartungshaltung zu sein.
Sollte dir das Training zu Beginn Schwierigkeiten bereiten, dann führe immer nur kurze Trainingseinheiten durch. Du kannst auch eine Hausleine am Halsband deines Hundes befestigen. So kann er nach Verlassen der Decke kein Fangspiel starten. Und du kannst ihn bei Bedarf über die Leine zu dir holen und ruhig auf die Decke zurück führen.

KEIN KOMMANDO BEIM VERLASSEN DES HAUSES

Das Deckentraining ist nicht dazu geeignet, den Hund auf die Decke zu schicken und dann das Haus zu verlassen. Denn in dem Augenblick kannst du nicht einwirken, sollte dein Hund von der Decke wieder aufstehen. Für den Hund ist es entscheidend, dass er sich auf sein Gegenüber verlassen kann. Gibst du ihm das Kommando „Decke", sollte er wissen, dass du in der Nähe bleibst, solange er auf seiner Decke liegt. Nur so kann er wirklich loslassen, sich entspannen, zur Ruhe kommen und vielleicht sogar einschlafen – im absoluten Vertrauen darauf, dass du ihn wieder von der Decke abholst.

ZUSAMMENFASSUNG: DECKENTRAINING

So geht es richtig:

— Den Hund generell von der Decke abholen, damit er sich entspannen und tief schlafen kann, denn er weiß, er verpasst nichts.
— Den Ort der Decke so gestalten, dass der Hund nah bei uns ist, aber nicht erhöht oder zentral liegt.
— Bereitet das Training zu Beginn Schwierigkeiten, eine Hausleine am Halsband des Hundes befestigen, damit man ihn problemlos zur Decke zurückbringen kann.
— Den Hund anfassen und mit seinen Händen auf die Decke zurückschieben.

Was du vermeiden solltest:

— Den Hund von der Decke abrufen oder mit Handzeichen aus der Entfernung herunterholen.
— Übersehen, dass der Hund von sich aus die Decke verlassen hat, und nicht die nötige Konsequenz aufbringen, es zu berichtigen.
— Den Hund auf die Decke schicken, wenn man nicht überprüfen kann, ob er darauf bleibt.

TRAINING: LEINENFÜHRIGKEIT

Neben dem Rückruf ist die Leinenführigkeit das Thema, das vielen Mensch-Hund-Teams Schwierigkeiten bereitet und weswegen die Menschen mit ihrem Hund ins Training kommen. Die Menschen denken, sie bräuchten einen besonderen Kniff und dann würde es mit der Leinenführigkeit funktionieren. Es liegt allerdings nicht an den fehlenden Ideen oder am Hund, sondern an den Hundehalter:innen. Das Verrückte daran ist, dass es fast niemandem wirklich bewusst ist. Der Grund ist nicht, dass zu wenig geübt wird, oder man die falschen Tools an der Hand hat, sondern, dass der Hund häufig gar nicht versteht, was sein Gegenüber von ihm möchte.

SITUATIVES TRAINING

Die meisten Menschen machen den Fehler, Leinenführigkeit immer nur situativ zu trainieren. Das bedeutet, dass man ein bisschen Leinenführigkeit trainiert, das Training dann beendet und es wieder schleifen lässt, z. B. wenn das Handy klingelt oder man seinen Spaziergang schnell fortsetzen möchte. Das unterscheidet sich grundlegend vom Training der Kommandos „Sitz" und „Platz". Diese könnt ihr jederzeit auflösen, die Übung damit beenden und euch anderen Dingen widmen, ohne inkonsequent zu sein.

Bei der Leinenführigkeit ist das jedoch anders. Man trainiert ein Stück, entscheidet dann, dass es für den Moment reicht, und lässt den Hund wieder ziehen, weil der Alltag ruft oder die Zeit knapp ist. Dadurch versteht der Hund nicht, dass er grundsätzlich niemals an der Leine ziehen darf. Aus seiner Sicht gibt es lediglich kurze Momente, in denen er lernt, an lockerer Leine zu laufen, und dann ist das Ziehen wieder erlaubt.

Ein weiteres großes Problem beim Training der Leinenführigkeit ist, dass viele Menschen inkonsequent werden, wenn sie das Ziehen an der Leine nachvollziehen können oder wenn Situationen auftreten, die für den Hund wichtig sind.

Ein typisches Beispiel hierfür ist, wenn der Hund beim Spaziergang eine Stelle findet, die besonders gut riecht, und er „Zeitung lesen" möchte oder mal kurz Pipi muss. Natürlich hat man Verständnis, pausiert das Training und der Hund darf kurz ziehen, um zu schnüffeln oder sein Geschäft an der gewünschten Stelle zu verrichten. Der Hund verknüpft dies jedoch damit, dass Ziehen erlaubt ist, wenn ihm etwas wichtig ist und er ein Ziel erreichen möchte.

DAS DILEMMA

Für den Hund ist das unverständlich. Er kann nicht nachvollziehen, warum er in manchen Situationen – etwa bei fremden Hunden oder Menschen – nicht ziehen darf, während es in anderen Situationen – zum Beispiel beim Begrüßen eines vertrauten Menschen oder seines besten Hundekumpels – in Ordnung ist. Er versteht nicht, dass du zwischen „guten" und „schlechten" Gründen unterscheidest. Dein situatives Verständnis gibt es für ihn nicht. Ziehen ist für ihn einfach nur Ziehen.
Diese Wechselhaftigkeit führt dazu, dass der Hund nicht begreifen kann, worum es uns eigentlich geht. Durch diese unbewusste Inkonsequenz und Willkür versteht der Hund nicht, dass wir in Wirklichkeit die Leinenführigkeit trainieren wollen.

WENN DIE KONSEQUENZ FEHLT

Es gibt viele Erziehungskonzepte, bei denen man beispielsweise immer stehen bleibt, wenn der Hund an der Leine zieht. Der Hund soll sich an seinem Gegenüber orientieren, dann kann es weitergehen. Dieses Konzept würde hervorragend funktionieren, wenn man absolut konsequent wäre und wirklich jedes Mal stehen bleiben würde. In der Praxis scheitert es jedoch häufig genau daran. Man bleibt eben nicht jedes Mal stehen, wenn der Hund zieht. Dadurch kann der Hund keine Verknüpfung zwischen seinem Ziehen und dem anschließenden Stehenbleiben herstellen. Er versteht es eher als Kunststück, dass er zu uns zurückkommt, wenn wir stehenbleiben.
Das eigentliche Problem liegt also nicht in der Methode, sondern in der fehlenden Konsequenz.
Dadurch wird dem Hund nicht klar vermittelt, was man eigentlich möchte.

LAUFEN AN HALSBAND UND AM GESCHIRR

Um das zu vermeiden, arbeite ich mit Halsband und Geschirr und trenne die Bereiche klar. Wenn ich konzentriert bin und an der Leinenführigkeit trainieren möchte, hänge ich die Leine am Halsband ein – aber nur dann. Wenn ich jedoch merke, dass ich abgelenkt bin, einen schlechten Tag habe oder mir einfach eine Auszeit gönnen möchte, kommt die Leine ans Geschirr. Dann darf der Hund auch mal ziehen und ich darf das auch mal übersehen.

»Soll der Hund nicht mehr an der Leine ziehen, reicht es nicht aus, an der Konsequenz und der Methodik zu arbeiten. Wichtig ist, im richtigen Moment zu reagieren.«

Chestnut hat etwas entdeckt, möchte dorthin und zieht an der Leine.

Durch Positionieren mit beiden Händen wird ihm die richtige Position erklärt.

MÖGLICHKEITEN FÜR GUTE LEINENFÜHRUNG

Eine gute Leinenführung kann auf verschiedene Weise trainiert werden. Eine Möglichkeit ist, jedes Mal, wenn der Hund an der Leine zieht, einen Richtungswechsel zu machen und ihn mit sich zu nehmen. So wird dem Hund klargemacht, dass man nicht auf ihn wartet. Eine andere Variante ist, jedes Mal, wenn die Leine straff wird, dem Hund ein Warte- oder Platzkommando zu geben, stehen zu bleiben und den Hund zu sich zu holen oder ihn hinter sich zu positionieren. Wichtig dabei ist, dass auf jedes Ziehen eine Handlung unsererseits folgt, solange die Leine im Halsband hängt.

Ist die Leine hingegen am Geschirr befestigt, darf man das auch mal vergessen und keine Handlung auf das Ziehen folgen lassen. So ist man in der Lage, sich nach einem harten Tag auch mal eine Auszeit zu gönnen. Wenn wir ehrlich sind, brauchen nicht die Hunde Freizeit, sondern wir Menschen. Es ist völlig in Ordnung, sich bewusst dafür zu entscheiden, den Hund einfach ziehen zu lassen, solange er dabei am Geschirr hängt. Zieht er dort aber zu stark, darf man natürlich trotzdem reagieren, etwa indem man ihn zurückruft oder auffordert, hinter einem zu laufen.
Am Halsband gilt jedoch absolute Konsequenz. Zieht der Hund, muss eine Reaktion folgen. Wenn es in dem Moment keinen

anderen Weg gibt, sollte man vorher die Leine ins Geschirr einhängen. Gerade zu Beginn des Trainings ist es außerdem wichtig, den Hund jedes Mal zu loben, wenn er von sich aus zu uns schaut. Nicht zu schauen, ist nicht falsch, aber hinschauen ist immer richtig.
Auf diese Weise wird man schnell merken, dass der Hund am Halsband deutlich aufmerksamer wird und es nicht mehr zum Ziehen nutzt. Dadurch entsteht auch keine Belastung für den Hals oder die Halswirbelsäule, sodass das gemeinsame Laufen für beide Seiten entspannter und harmonischer wird.

SOLL DER HUND HINTEN LAUFEN?

Ich halte es nicht für korrekt, dauerhaft vom Hund zu erwarten, dass er hinter uns läuft. Dabei findet ein Kommunikationsabbruch statt. Zwar funktioniert die Leinenführigkeit bei vielen, wenn sie ihren Hund nach hinten schicken, aber das ist keine Kommunikation, sondern ein Ausblenden des Hundes, wodurch es einfacher wird. Aber wir wollen ja mit unserem Hund kommunizieren. Nur bei engen Wegen, Wegkreuzungen oder wenn uns etwas entgegenkommt, kann man den Hund kurz hinter sich nehmen. Anschließend sollte man ihm wieder den Freiraum geben, den die Leine bietet.

Gemeinsam kann es jetzt entspannt weitergehen.

ZUSAMMENFASSUNG: LEINENFÜHRIGKEIT

So geht es richtig:

— Dem Hund nicht dorthin folgen, wohin er gern möchte.
— Den Hund loben, wenn er zu uns schaut.
— Kannst oder möchtest du gerade nicht konsequent sein, hänge die Leine ins Geschirr um.

Was du vermeiden solltest:

— Ausreden finden und dem Hund beim Leineziehen folgen, weil du den Grund, warum er zieht, verstehen kannst.
— Vergessen, dass du die Leine am Halsband eingehängt hast, und den Hund dort ziehen lassen.
— Die Leine so kurz halten, dass der Hund Zug auf dem Halsband hat, ohne etwas dagegen tun zu können.
— Nur Leinenführigkeit trainieren, wenn der Hund dicht bei dir ist, und ihn an der langen Leine gedankenlos ziehen lassen.

TRAINING: MAULKORB

Ein gut sitzender, individuell angepasster Maulkorb schränkt nicht ein, sondern ermöglicht absolute Bewegungsfreiheit – das Maul kann uneingeschränkt geöffnet werden, ohne ein Gegenüber zu verletzen. Es ist vergleichbar mit einer Brille, die uns nach kürzester Zeit auch nicht mehr stört. Ich bin der Meinung, dass der Maulkorbgewöhnung eine viel zu große Bedeutung geschenkt wird. Gebe ich Dingen große Beachtung, wird auch mein Hund genauer hinschauen. Somit wird der Maulkorb vom Hund viel intensiver wahrgenommen, als wir es beabsichtigt hatten, und sie reagieren darauf viel intensiver. Ein Maulkorb ist auch nicht anders als ein Geschirr. Dieses ziehen wir unserem Welpen/Hund an, ohne uns viele Gedanken darüber zu machen. Dabei können schlecht sitzende Geschirre die Bewegungsfreiheit des Hundes stark einschränken. Auch diese sollten gut sitzen! Doch damit haben wir keine so großen Probleme wie mit einem Maulkorb.

Selbst im Umgang mit anderen Hunden wird Sputnik durch seinen gut sitzenden Maulkorb in seiner Kommunikation nicht eingeschränkt.

Die Gewöhnung an den Maulkorb sollte mit Freude verbunden werden.

GEWÖHNUNG AN EINEN MAULKORB

Zunächst wähle ich einen gut passenden Maulkorb, der den Hund nicht einschränkt und wie eine Brille beim Menschen sitzt. Diesen Maulkorb setze ich dem Hund immer dann auf, wenn ich schöne Dinge mit ihm unternehme. Das kann zum Beispiel ein Aufbruch zum Spaziergang sein oder ein Freilauf. Hier geht es nicht darum, dass er den Maulkorb in diesen Situationen braucht, sondern er verbindet das Anziehen des Maulkorbs mit etwas Schönem, das wir gemeinsam erleben.

Häufig wird der Fehler gemacht, den Maulkorb erst dann anzulegen, wenn der Hund zum Beispiel das erste Mal geschnappt hat, der Maulkorb also tatsächlich benötigt wird. Meistens schnappen Hunde, wenn für sie die Situation unangenehm wird, zum Beispiel in der Tierarztpraxis. Wird nur in

»Der Maulkorb wird zu Beginn nur dann angezogen, wenn etwas Schönes passiert. So wird er positiv verknüpft.«

solchen Situationen der Maulkorb verwendet, verbindet der Hund ihn hauptsächlich mit unangenehmen, manchmal auch schmerzhaften Situationen. Es entsteht eine falsche Verknüpfung.
Es ist so wichtig, dass der Maulkorb zuerst positiv vom Hund wahrgenommen wird. Erst dann kannst du ihn auch in den Situationen einsetzen, in denen er gebraucht wird. Du wirst sehen, wie entspannt dein Hund ihn dann trägt. Meine Hunde stecken ihre Nase förmlich in den Maulkorb, weil sie wissen, dass es jetzt gemeinsam mit mir nach draußen geht.
Wichtig: Der Maulkorb sollte so sitzen, dass der Hund ihn auf keinen Fall abstreifen kann. Macht er zu Beginn die Erfahrung, dass er ihn selbstständig loswerden kann, wird er es immer wieder versuchen – manchmal ein Leben lang.

MAULKORBSCHLAU

Achte unbedingt darauf, dass dein Hund nicht „maulkorbschlau" wird. Das passiert, wenn dein Hund den Maulkorb nur in für ihn negativen Situationen angelegt bekommt. Er könnte dann verknüpfen: *„Immer, wenn etwas Schlimmes passiert, bekomme ich den Maulkorb aufgesetzt"*. Oder: *„Ich habe geschnappt und danach kam der Maulkorb."*
Oft erleben die Hunde auch in solchen Situationen, dass sich ihr Gegenüber anders verhält:

— ohne Maulkorb → Gegenüber vorsichtig und verhalten
— mit Maulkorb → Gegenüber entspannt und experimentierfreudig

Genau das wäre aber der größte Fehler, den man machen kann.

Maulkorbschlau bedeutet also, dass der Hund den Maulkorb als eine Art Vorwarnung versteht: *„Gleich passiert etwas Unangenehmes."* Das kann so weit gehen, dass sich manche Hunde den Maulkorb gar nicht erst aufziehen lassen.

ZUSAMMENFASSUNG: GEWÖHNUNG AN DEN MAULKORB

So geht es richtig:

— Zur Maulkorbgewöhnung den Maulkorb aufziehen und den Hund mit schönen Dingen beschäftigen, zum Beispiel mit einem tollen Waldspaziergang.
— Als Leitfaden könntest du den Maulkorb mindestens 15 Minuten vor und nach einer brenzligen Situation, in der ein Maulkorb nötig ist, drauf lassen.
— Der Maulkorb sollte absolut gut passen und den Hund niemals am Hecheln, Trinken bzw. am weiten Öffnen des Mauls hindern.
Das Maul sollte durch den Maulkorb gut sichtbar sein, damit die Mimik des Hundes gut lesbar ist.

Was du vermeiden solltest:

— Dem Maulkorb wird zu viel Bedeutung beigemessen, weil die Gewöhnung zu aufwändig gestaltet wird.
— Der Maulkorb wird nur in brenzligen Situationen angezogen bzw. direkt danach wieder abgezogen. Dadurch stellt der Hund eine falsche Verknüpfung her.
— Der Maulkorb ist zu eng.

DER WEG

— *zu einer wertschätzenden Kommunikation*

DER START ZU HAUSE IST AM EINFACHSTEN

Zum Abschluss möchte ich dir noch ein paar Tipps an die Hand geben, die dir dabei helfen, nach und nach in eine wertschätzende Kommunikation mit deinem Hund hineinzuwachsen. Und da dein Hund in seiner gewohnten Umgebung wenig Ablenkung hat, meist entspannt ist und deshalb sehr intensiv wahrnimmt, was du machst, beginnen wir im eigenen Zuhause.

DURCHBRECHE DIE GEWOHNHEIT

Auch wenn es dir auf den ersten Blick nicht auffällt, haben du und dein Hund sicherlich Gewohnheiten – fast schon Rituale, die zu Hause euren Tag strukturieren. Um nur einige Beispiele aus einem großen Potpourri möglicher Gewohnheiten zu nennen:

— morgens das pünktliche Aufstehen,
— der erwartungsvolle Blick zur üblichen Fütterungszeit,
— ein goldiges Anstupsen, um dich an den Spaziergang zu erinnern oder
— das Vor-der-Leckerchendose-Sitzen nach dem Spaziergang. Sicher gibt es noch höchst individuelle Dinge, die bei dir und deinem Hund zur Gewohnheit gehören.

Gemeinsame Qualitytime, eine für Mensch und Hund wichtige Zeit.

Beatrix kann nicht glauben, dass nichts für sie auf dem Tisch bereitsteht.

Solche Gewohnheiten sind sicher schön für dich, um deinen Tag mit deinem Hund zu strukturieren. Allerdings solltest du darauf achten, dass DU die wichtigsten Dinge aus eurem Alltag einleitest und nicht damit startest, weil es deinem Hund pünktlich oder vor dir eingefallen ist.
Variiere Uhrzeiten und Rituale. Sobald dein Hund dich an eine Gewohnheit erinnert, lehne dich zurück und beginne erst, wenn du das Gefühl hast, dass dein Hund verstanden hat, dass du erst einmal andere Pläne hast.

TIPP
Indem du variabel mit den Gewohnheiten umgehst, kannst du dafür sorgen, dass du die schönen Dinge durch Rückruf beginnen kannst. So trainierst du einfach und ohne viel Aufwand, dass dein Hund auch auf dem Spaziergang mit Freude auf deinen Rückruf reagiert.

LASS DICH NICHT VON DEINEM WEG ABBRINGEN

Vielleicht ist dir schon mal aufgefallen, dass dein Hund – scheinbar zufällig – gern dort sitzt, steht oder liegt, wo du häufig entlang gehst, wie z. B. in Türen, im Flur, usw. Deine Aufgabe besteht lediglich darin, deine Wege nicht zu verändern, um deinen Hund nicht zu stören. Deshalb steige nicht über oder laufe nicht um deinen Hund herum und gehe nicht aus Rücksicht auf deinen Hund Wege, die du üblicherweise nicht gehen würdest. Natürlich brauchst du ihn nicht grundlos von diesen Plätzen wegschicken. Du musst nur deinem Weg treu bleiben.

DER NAPF IST NICHT FÜR EINE ON-OFF-BEZIEHUNG GEDACHT

Wusstest du, dass in der Hundewelt Hunde, die sehr viel zu sagen haben, keine Angst davor haben, zu wenig Futter zu bekommen. Deshalb lassen sie ihr Essen auch gern mal rumliegen, weil sie genau wissen, dass sie sich ums Futter nicht streiten müssen und es nichts Besonderes ist, Futter grenzenlos zur Verfügung zu haben. Vielleicht weiß auch dein Hund es nicht zu schätzen, dass du ihm das beste und tollste Futter kaufst. Er nippt nur hier und da daran und lässt manchmal auch die Hälfte stehen. Vorausgesetzt, dein Hund ist gesund (dies bitte tierärztlich abklären!), dann habe ich einen einfachen Tipp für dich: Frißt er sein Futter nicht in einem Happs auf, sondern verlässt zwischendurch den Napf, um andere Dinge zu erledigen, solltest du dich nicht auf diese Spielchen einlassen. Stelle den Napf weg, auch wenn das sehr schwierig klingt. Biete deinem Hund diese Portion nicht erneut an, sondern gib ihm zur nächsten Mahlzeit seine übliche Menge. Du brauchst kein schlechtes Gewissen zu haben, denn schon nach kurzer Zeit wird dein Hund merken, dass Futter nicht immer für ihn zur Verfügung steht, und bevor er seinen Napf verlässt, so lange fressen, bis der Napf leer oder er satt ist.

PLATZ WIRD ZUM „SAFE PLACE"

Jetzt mal ehrlich: Räumst du nicht auch immer wieder vertrocknete Kauartikel auf, weil diese überall bei dir in der Wohnung von deinem Hund liegengelassen werden? Kauartikel sollten etwas Besonderes sein, deshalb kannst du diese nutzen, um deinen Hund ein wenig mehr zur Ruhe zu bringen und ihm beizubringen, seinen Liegeplatz attraktiver zu finden. Wenn du also deinem Hund einen Kauartikel gibst, sollte das auf seinem Platz geschehen und er sollte ihn dort fressen. Verlässt er diesen Platz mit oder ohne Kauartikel, ist es sinnvoll, ihm diesen wegzunehmen. Somit merkt dein Hund, er muss nur auf seinem Liegeplatz bleiben, um ungestört seinen Kauartikel zu fressen. Damit wird der Liegeplatz zu seinem „Safe Place" und er kann sich dorthin begeben, wenn er in Ruhe gelassen werden möchte.

Ist Victor mit einem Kauartikel beschäftigt, dann lass ich ihn in Ruhe.

Erst, wenn er den Kauartikel liegen lässt, räume ich ihn weg.

Mit seinem Blick signalisiert Vidocq, dass sich keiner seinem Ball nähern soll.

SPIELZEUG IST KEINE „EGO-SHOW"

Spielt dein Hund gern mit Bällen, oder hat er sogar ein Lieblingsspielzeug?
Entgegen vieler Impulse ist es schön für deinen Hund, auch zu Hause sein Spielzeug zu haben, welches er mag. Um ihm nicht das Gefühl zu geben, dass er alleiniger Verwalter des Spielzeugs ist, solltest du einmal täglich das Spielzeug an dich nehmen, während dein Hund zuschaut. Du solltest es weglegen und mindestens eine Stunde lang deinem Hund vorenthalten. Es ist wichtig, dass er weiß, wo sein Spielzeug liegt, und du solltest ihn in der Zeit nicht mit etwas anderem ablenken. Gib deinem Hund sein Spielzeug frühestens nach einer Stunde zurück. Auf jeden Fall aber erst dann, wenn er nicht mehr auf die Rückgabe wartet. Auf diese Art und Weise versteht dein Hund, dass du sein Spielzeug jederzeit nehmen und verwalten darfst. Du wirst merken, dass er mit der Zeit viel kooperativer wird, wenn es um Dinge geht, die er gern haben möchte. Er merkt, dass er sie vertrauensvoll abgeben kann, ohne zu befürchten, sie nicht mehr zurückzubekommen. Bedenke, du wirst Anspannung schaffen, wenn du deinem Hund immerwährend Dinge grundlos wegnimmst.

BEIM ESSEN HÖRT DIE FREUNDSCHAFT AUF

Ist dir schon einmal aufgefallen, dass dein Hund beim Zubereiten von Essen gern zuschaut und manchmal sogar hofft, dass dir etwas herunterfällt? Vielleicht liegt er ja auch unter deinem Tisch, wenn du dein Essen isst. Ist er nur hungrig, oder hat es auch eine andere Bedeutung?
Wie schon häufig erwähnt, lerne ich am besten von meinen Hunden. Gerade beim Thema Futter konnte ich Spannendes beobachten: Die Hunde, die in meiner Hundegruppe am meisten Entscheidungen treffen, legen beim Fressen sehr viel Wert auf Privatsphäre. Dabei spielt es keine Rolle, ob die anderen betteln, daneben liegen und schlafen, oder einfach nur spielen. Der Abstand hat Bedeutung. Umgekehrt verstehen es die Gruppenmitglieder als Selbstverständlichkeit, einen Verantwortungsträger in Ruhe und in gebührender Distanz fressen zu lassen. Schlagen wir nun die Brücke zu dir und deinem Hund, solltest du es genauso machen. Um Missverständnisse in eurer Beziehung zu vermeiden, solltest du, sobald du z. B. isst, kochst, Essen für deinen Hund zubereitest oder den Kühlschrank öffnest – also mit Essen hantierst – kannst du mit einfachem Wegschieben dafür sorgen, dass dein Hund circa zwei Meter Abstand hält. So versteht dein Hund viel besser, warum du auch auf dem Spaziergang die Entscheidungen für euch triffst.

Grappa kann in ihrer Position problemlos alle Menschen im Blick behalten.

Das Warten hinter einer gedachten Linie kann sehr hilfreich sein.

Auf diese Weise kann dein Hund hervorragend Eigentum anzeigen.

HUNDE MÜSSEN DRAUSSEN BLEIBEN

Es ist sinnvoll, wenn du dir zeitweise immer mal wieder einen Raum in eurer Wohnung überlegst, den dein Hund nicht betreten darf. Dies kannst du ganz einfach erreichen, indem du, sobald dein Hund die Türschwelle übertritt, ein Markerwort verwendest und ihn hinter die Schwelle zurückschiebst. Bei geöffneter Tür versteht sich, denn du willst ja nicht die Tür nutzen, um deine Kompetenz zu unterstreichen. Deinem Hund sollte klar sein, dass die Wohnung bzw. das Haus dir gehört und du deshalb entscheiden kannst, welche Bereiche zugänglich sind. Du wirst merken, dass dein Hund diese Idee sehr bereitwillig umsetzt.

Im täglichen Umgang wird es somit einfacher ihm zu erklären, dass er auch beim Spaziergang deine Grenzen akzeptieren soll und er gewisse Bereiche, wie z. B. eine Kuhweide, nicht betreten darf, wenn du es nicht möchtest.

IRGENDWAS MIT THRON ODER SO

Ich möchte nicht wissen, wie oft dir schon erklärt wurde, dass Hunde nichts auf der Couch oder im Bett zu suchen haben. Ich würde niemals auf die Nähe meiner Hunde verzichten wollen, wenn ich entspannen oder schlafen möchte. Natürlich signalisieren Sofa, Bett, Sessel – also erhöhte Liege- und menschliche Ruheplätze – in der Hundewelt Status und sind ein Privileg. Deshalb ist es wichtig, dass dein Hund diese Plätze nur dann nutzt, wenn du ihn ausdrücklich dazu einlädst. Das bedeutet nicht, dass dein Hund niemals aufs Sofa darf – es bedeutet nur, dass DU entscheidest, wann es soweit ist. Mach es dir gern auf der Couch gemütlich, rufe deinen Hund zu dir und genießt die Nähe zueinander. Folgende Infos sind noch wichtig:

— Wenn du nicht siehst, dass dein Hund auf der Couch ist, kannst du es ignorieren.
— Erwischst du deinen Hund auf der Couch, solltest du ihn empört hinunterschicken.
— Er sollte erst auf die Couch eingeladen werden, wenn er nicht damit rechnet.
— Die Couch steht sinnbildlich für alle menschlichen Ruheplätze (z. B. Bett, Gartenliege, Sessel).

Du kannst also in Zukunft voller Überzeugung deine Couch oder dein Bett mit deinem Hund teilen und eure Gemeinsamkeit genießen, wenn du einfach nur diese Kleinigkeit beachtest.

Geordnet geht es die Treppe hinunter.

MEIN TANZBEREICH, DEIN TANZBEREICH

Ist dir schon einmal passiert, dass du durch die Tür gehst und dein Hund noch schnell an dir vorbei nach draußen huschen möchte. Auch wenn es sich wie zufällig anfühlt, weiß dein Hund sehr wohl, dass dieses Verhalten alles andere als höflich ist.
In der Hundewelt gilt es als höflich, einen anderen Hund nicht einfach zu touchieren oder abzudrängen. Wir erleben dieses unhöfliche Verhalten hier und da bei unseren Hunden, wenn sie sich an engen Durchgängen, Treppen und Türen vorbeidrängeln. Achte deshalb darauf, dass dein Hund entweder vor oder nach dir durch die Tür geht. So lernt er deinen „persönlichen Tanzbereich“ zu akzeptieren und du kannst sicherstellen, dass dein Hund nicht das Gefühl hat, unhöflich zu dir sein zu können.

SEIT WANN IST EIFERSUCHT GOLDIG?

Nimmt dein Hund es als selbstverständlich, wenn du anderen Hunden Aufmerksamkeit schenkst, du sie gegebenenfalls auch streichelst? Kannst du auch jemanden in den Arm nehmen, ohne dass dein Hund sich dazwischendrängt, oder versucht, auf sich aufmerksam zu machen?

Dir muss klar sein, dass Eifersucht und Splitten nicht ortsgebunden sind, du deinen Hund also sowohl draußen als auch im Haus dabei ertappen kannst. Deshalb achte darauf, ob dein Hund es akzeptiert, wenn sich dir ein Individuum nähert, oder ob er unterbrechen möchte, wenn du jemandem Aufmerksamkeit schenkst.

TRAINIERE NICHT DEN BESUCH, SONDERN DEINEN HUND

Geht es dir auch so, dass du deinen Besuch kaum empfangen kannst, ohne, dass dein Hund sich dazu lautstark äußert oder er dafür sorgt, dass er als erster den Besuch willkommen heißen darf.

Um deinem Besuch die ungeteilte Aufmerksamkeit schenken zu können und deinem Hund zu vermitteln, dass er keine besonderen Aufgaben hat, ist es das Einfachste, deinen Hund für eine gewisse Zeit auf seinen Liegeplatz zu schicken, wenn Besuch kommt. Schließlich ist es dein Besuch und nicht seiner. Deinem Besuch brauchst du dann nicht mehr erklären, dass er deinen Hund nicht ansprechen oder anschauen soll, denn du und dein Hund haben die Situation bereits gemeistert. Natürlich darf dein Hund nach der ersten Aufregung wie gewohnt – aber höflich – den Besuch begrüßen.

Wichtig: Gerade beim Deckentraining sollte dein Hund lernen, dass er nur seinen Liegeplatz verlassen darf, wenn du ihn persönlich dort abholst. Das ist deshalb so wichtig, damit dein Hund keine Erwartungshaltung hat und verknüpft, dass er sich auf seinem Platz entspannen kann. Denn es lohnt sich für ihn nicht, aufmerksam auf eine Geste oder eine Auflösung zu warten. So kann er die Augen schließen und auf deine Berührung warten und vertauen. Außerdem muss er nicht immer wieder aufstehen, um zu überprüfen, ob der Auftrag noch Bestand hat, oder du ihn vielleicht vergessen haben könntest.

Wonka möchte beachtet werden.

Sie wird auf ihren Platz geschickt.

Ich helfe ihr dabei mit Hinbringen.

Miss Sophie kontrolliert, ob die Schuhe richtig ausgezogen werden.

LASS MICH DOCH ERST MAL ANKOMMEN!

Natürlich seid ihr beide – dein Hund und du – euch einig, dass es fürchterlich war, voneinander getrennt gewesen zu sein. Dennoch solltest du beim Nachhausekommen erst einmal nicht auf die Aufregung deines Hundes eingehen oder dich anstecken lassen. Ziehe zuerst deine Jacke und deine Schuhe aus, stelle deine Sachen in Ruhe ab und gehe erst dann zum gemütlichen Part mit deinem Hund über – also dann, wenn sich die erste Aufregung gelegt hat. So wird dein Hund in Zukunft beim Alleinbleiben entspannter sein, da er nicht frustriert ist, dass es so lange dauert, bis du nach Hause kommst und die große Party mit dir endlich steigen kann.

SAG MAL, HAST DU EINEN SCHATTEN?

Du gehst ins Bad, dein Hund ist dicht hinter dir, du gehst ins Schlafzimmer und er ist schon wieder da, du gehst in die Küche und dein Hund ist dir immer noch auf den Fersen. Na, kommt dir das bekannt vor? Egal wohin du gehst, du kannst dir sicher sein, dein Hund folgt dir. Wenn dein Hund bei dir zu Hause dein Schatten ist, hat es einen unangenehmen Nebeneffekt, denn er wird sich zu wenig ausruhen und erholen (kleine Nebeninformation: Hunde sollten mindestens 19 Stunden am Tag ruhen). Unterbinde dieses Verhalten, indem du ihn z. B. auf seinen Liegeplatz schickst. Du wirst schnell merken, dass du ihm damit einen Gefallen tust. So ermöglichst du ihm, dass er, anstatt dich den ganzen Tag im Blick zu haben, Zeit und Raum hat, sich mit sich selbst zu beschäftigen und zur Ruhe zu kommen. Manchmal stellt sich sogar ein angenehmer Nebeneffekt ein, denn Hunde, die ihre Menschen nicht stalken, haben für gewöhnlich weniger Probleme damit, allein zu bleiben. Sollte dein Hund also das Problem des Alleinbleibens haben, schau noch einmal genauer auf euren Alltag.

Artax fordert Jacq zum Spiel auf. Mit Erfolg?

Checkliste

TAGES-CHALLENGE

Stell dir jeden Tag immer wieder die gleichen Fragen und führe dies als Strichliste:

- ☐ Hat mein Hund mich zu etwas aufgefordert/Dinge tun lassen, die ich nicht im Kopf hatte?
- ☐ Hat mein Hund seinen Duft zur Schau gestellt oder die Fläche vergrößert?
- ☐ Hat mein Hund meine Bewegung, meine Schritte oder mein Tempo beeinflusst?
- ☐ Hat mein Hund, ohne mein Zutun, sanft oder auch schwungvoll körperliche Nähe gesucht?
- ☐ Hat mein Hund sich so positioniert, dass er erwarten kann, von anderen mehr Beachtung zu bekommen als ich?

Testergebnis: Die Challenge ist, dass du von Tag zu Tag weniger Striche hast.

Daiquiri beeinflusst gekonnt Katrins Schritte, um nebenbei schwungvoll körperliche Nähe zu suchen.

CARINA MIT PEPPLES UND WILLY WONKA

Als ich Katrin zum ersten Mal in einem ihrer Seminare begegnete, hatte ich sofort das Gefühl, dass ich hier die Lösung für meine verhaltenskreativen Hunde finden würde. Die Beiden lagen wohlgemerkt während der gesamten zwei Tage entspannt auf ihrer Decke in einem Raum mit ca. zehn Hunden und verhielten sich vorbildlich.

Bis dahin war ich über sechs Jahre lang von einem Hundetraining zum nächsten gefahren. Ich hatte sämtliche Methoden und Techniken getestet, von denen ich hörte, in der Hoffnung, das leinenaggressive Verhalten meiner Hunde in den Griff zu bekommen. Ich war sowohl mit meinem Latein als auch mit meinem Durchhaltevermögen am Ende. Meine Gassigänge, die ich seit Jahren so ausgerichtet hatte, dass ich nur zu Zeiten und an Orten lief, wo ich mir sicher war, wenigen anderen Hunden zu begegnen, fühlten sich an wie Spießrutenläufe. Schon oft war es zu unschönen Ereignissen gekommen – Stürze, Beschimpfungen bis hin zu einem fast körperlichen Angriff auf mich, es war alles dabei.

Als ich Katrin zuhörte, wie sie über Hunde und das Führen von Hunden sprach, ging mir ein Licht nach dem anderen auf. Meine größte Erkenntnis war, dass alles mit mir, meinem Verhalten, meiner Haltung und meiner Ruhe stehen und fallen würde. „Führung" war das Zauberwort. Nach einem weiteren Vorfall, bei dem einer meiner Hunde zum ersten Mal von einem anderen Hund aus dem Ort attackiert wurde, wurden wie durch Zufall zwei Einzelstunden bei Katrin frei. Ich buchte sofort beide Stunden.

Pepples und Willy Wonka

Pepples, Update und Backup (oben li. nach re.), Willy Wonka und Captain America (unten li. nach re.).

Einfach wieder entspannt Gassi gehen – das war es, was ich mir so sehr wünschte. Als ich zu Katrin kam, war sie die erste Person, die meinen „Leinenpobler" als unsicheren Hund erkannte, dem ich die Welt erklären müsse. Ich bekam Handlungsalternativen an die Hand, die mich unterstützten, und fühlte mich richtig gestärkt.

Ein 5-Tage-Seminar und zwei Intensivtage später startete ich im August 2023 die Ausbildung zur Hundetrainerin bei K.S.I. Nicht, weil ich Hundetrainerin werden wollte, sondern weil ich spürte, dass ich hier die Antworten auf all meine Fragen finden konnte. Vor allem aber konnte ich erkennen, was eine gute Führung ausmacht: Selbst Ruhe, Souveränität, Kompetenz austrahlen und Verantwortung übernehmen.

Kurz darauf kamen innerhalb eines Jahres drei weitere Hunde in mein Leben. Das Wissen um die Führungsgesten hilft mir täglich dabei, die Beziehung zwischen mir und meinen Hunden zu überprüfen, aber auch die Beziehung meiner Hunde untereinander. Auch wenn ich diese besondere Form der Hundekommunikation noch nicht fließend spreche, sind die Dialoge, die ich zwischen meinen Hunden beobachten kann, sehr spannend zu verfolgen. Ich weiß mittlerweile, wann und wie ich einschreiten muss, damit meine Hunde mich verstehen und im besten Fall als sozialkompetent erachten. Sie sind mir die besten Lehrer und zeigen mir treffsicher, wo ich noch wachsen kann. Parallel zu meiner Entwicklung wuchs auch meine Hundegruppe – wir sind jetzt zu sechst unterwegs.

VORSICHT: VERWECHSLUNGSGEFAHR

FIXIEREN VERSUS ANSCHAUEN

„Mein Hund fixiert mich!" – Diesen Satz höre ich häufig von meinen Kund:innen. Dabei stellt sich meist heraus: Der Hund schaut nur freundlich. Genauso häufig passiert das Gegenteil – ein wirklich fixierender Blick wird als freundlich wahrgenommen. Diese Verwechslung ist völlig verständlich. Beide Blicke gehen zwar ins Auge, aber die feinen körpersprachlichen Unterschiede entscheiden über die Bedeutung.

DER ENTSPANNTE BLICK

Ein freundlich schauender Hund hat einen weichen Blick. Sein Gesicht und sein Körper sind entspannt, das Maul ist eher geöffnet und meistens hechelt er leicht. Der entscheidende Punkt ist seine Kopfhaltung. Der Nasenrücken zeigt leicht nach oben, der Nacken ist entspannt, keine Spannungsfalten, oft als Stirnfalten, im Gesicht wahrzunehmen. Für gewöhnlich reicht es aber, dass du dich auf dein Gefühl verlässt, denn das freundliche Anschauen gibt dir ein ganz anderes Gefühl, als das bei einem Fixieren der Fall ist.

Malino zeigt hier Fixieren wie aus dem Lehrbuch.

Nachdem er die Situation erfasst hat, folgt ein offener, freudiger Blick.

Interessiert schaut Vidocq in Richtung der Fotografin.

DAS BEDROHLICHE STARREN

Ein Hund, der fixiert, möchte sich für gewöhnlich Raum verschaffen. Dies zeigt sich deutlich in seiner offensiven und angespannten Körperhaltung. Die Nase ist nach unten gerichtet, wodurch der typische Stiernacken entsteht. So schützt er instinktiv seine Kehle.

TRENNUNGSANGST ODER KONTROLLE?

„Mein Hund hat bestimmt Trennungsangst – er folgt mir überall hin!“ Diese „Diagnose“ höre ich oft, wenn Hunde ihren Menschen auf Schritt und Tritt durch die Wohnung begleiten. Interessanterweise können diese Hunde meist auch nicht gut alleine bleiben. Aber ist es wirklich Trennungsangst? In den meisten Fällen steckt etwas ganz anderes dahinter, nämlich der Wunsch zu kontrollieren, was du in „seinem“ Revier so treibst und natürlich auch zu schauen, ob du dich so verhältst, wie dein Hund es gern hätte.

Der entscheidende Unterschied: Ein Hund mit echter Trennungsangst fürchtet den Verlust seines Menschen. Ein kontrollierender Hund hingegen möchte schlichtweg im Bilde bleiben, was in seinem Territorium passiert. Zwei völlig verschiedene Motivationen, die aber auf den ersten Blick gleich aussehen können.

DER FREILAUF

In der Regel kannst du ganz leicht erkennen, ob dein Hund Trennungsangst hat, oder dich einfach nur kontrolliert. Hat er wirklich Trennungsangst, könntest du ihn problemlos von der Leine lassen und er würde bei dir bleiben. Er wird sich kaum von deiner Seite entfernen, ständig nach dir schauen und möglicherweise sogar näher bei dir sein als zu Hause. Seine größte Sorge wäre es dann, dich zu verlieren. Ein kontrollierender Hund verhält sich völlig anders. Sobald die Leine ab ist, erkundet er die Gegend, läuft herum und schenkt dir wenig Aufmerksamkeit. Oft entstehen hier auch die typischen Rückruf-Probleme – schließlich hat er draußen Interessanteres zu tun, als auf dich zu achten.

EINLADEN VS. AUF NACHFRAGE REAGIEREN

„Mein Hund fragt höflich nach, bevor er auf das Sofa darf, also ist bei uns alles geklärt!" Diese Aussage treffen viele meiner Kund:innen und meinen, dass der Hund somit keine Führungsgeste an sie sendet. Aber hier liegt ein entscheidender Denkfehler vor.

DIE VERSTECKTE AUFFORDERUNG

Solange dein Hund dich anschaut und förmlich darum bittet z. B. auf das Sofa zu dürfen oder sein Futter zu bekommen, ist das immer noch eine Aufforderung an dich, zu handeln. Wenn du ihm seinen vermeintlich höflichen Wunsch erfüllst, hast du die Entscheidung nicht aus freien Stücken getroffen, sondern er hat dich dazu bewegt, diese Entscheidung zu treffen. Das ist keine ehrliche Einladung.

ECHTE EINLADUNG ERKENNEN

Eine wirkliche Einladung funktioniert anders: Dein Hund ist gerade mit etwas anderem beschäftigt oder entspannt auf seinem Platz, als du spontan entscheidest, ihn zu dir zu rufen. Er ist überrascht, weil er gar nicht damit gerechnet hat. Diese Initiative kommt zu hundert Prozent von dir.
Der Unterschied ist deutlich spürbar: Beim echten Einladen bestimmst du den Zeitpunkt. Bei der versteckten Nachfrage bestimmt dein Hund den Moment – er wartet nur höflich darauf, dass du das „richtige" Wort sagst.

Durch Tippen an die Leckerli-Tasche fragt Wonka freundlich, ob sie ein Leckerchen haben darf.

Über Körpersprache sage ich Beatrix, dass ich jetzt nicht eingeladen werden möchte.

KSI
Katrin Scholz
Handy 0171-1945331

Anspringen, Pfote auflegen und Züngeln – Führungsansagen in Verbindung mit Stress.

Ein ruhiges Zurückschieben und Runtersetzen des Hundes kann helfen.

FÜHRUNGSANSAGEN® IN STRESSSITUATIONEN

DER VERZWEIFELTE HILFERUF

Dein Hund springt dich an, klammert sich förmlich an dir fest – und das ausgerechnet in einer ohnehin schon stressigen Situation. Dein erster Gedanke: *„Jetzt macht er mir auch noch Ansagen, obwohl es sowieso schon chaotisch ist!“* Stopp. Hier liegt meist ein großes Missverständnis vor.

Wenn dein Hund in echter Panik, großer Angst oder völliger Überforderung zu diesem Verhalten greift, dann ist das kein dominantes Verhalten. Es ist ein Hilferuf. Aber warum wählt er ausgerechnet dieses anstrengende Verhalten?

Die Antwort ist so logisch wie überraschend: Er kennt deine Reaktion darauf. In normalen Situationen reagierst du auf sein Anspringen vielleicht sauer, vielleicht korrigierend, aber du reagierst zuverlässig.

Genau diese Reaktion sucht er jetzt. Er will dich „aktivieren“, um sich zu vergewissern: Ist mein Mensch noch da? Reagiert er noch wie immer? Ist er noch handlungsfähig? Für ihn ist deine gewohnte Reaktion ein Anker der Normalität in einer chaotischen Situation.

Die richtige Antwort

Reagierst du ärgerlich oder genervt, fängst du deinen Hund nicht auf – du verstärkst seinen Stress noch. Bleibe ruhig, erkenne den Hilferuf als das, was er ist, und gib deinem Hund die Sicherheit, die er braucht.

Schwungvolles Anspringen ist ein eindeutiges Statement.

Der entscheidende Unterschied

Das gilt nur für echte Überforderung, Panik oder große Angst. Ist dein Hund lediglich genervt oder unzufrieden mit einer Situation – aber nicht wirklich überfordert – dann ist sein Anspringen keine Hilfe suchende Geste, sondern tatsächlich ein Übernahmeversuch. Die Kunst liegt darin, diese beiden Situationen zu unterscheiden: Echter Hilfeschrei oder versteckte Führungsansage®? Deine Reaktion sollte entsprechend angepasst sein.

UNTERWERFUNG ODER HEMMEN EINER HANDLUNG

Dein Hund dreht sich auf den Rücken, zeigt den Bauch und wendet den Kopf zur Seite, sobald du mit ihm schimpfst oder die Stimme erhebst. Sofort schmilzt dein Herz, weil du der Meinung bist, er zeigt sich einsichtig, viel mehr noch, er unterwirft sich dir. Genau diese Reaktion war sein Ziel.

Unterschied zwischen Unterwerfung und Manipulation

Echte Unterwerfung zeigt ein Hund selten in Stresssituationen wie einem Konflikt oder einer Meinungsverschiedenheit. Sie kommt meist in entspannter Atmosphäre oder bereits bei den ersten Anzeichen von Spannung – nicht erst, wenn es richtig kracht.

Was du siehst, ist etwas anderes: ein perfekt funktionierender Hemmmechanismus. Dein Hund hat gelernt, dass seine „süße" Bauchlage dich sofort zum Einlenken bringt. Du findest es goldig, bekommst Mitleid – und schon ist deine Konsequenz Geschichte.

Die clevere Strategie

Dein Hund setzt gezielt auf deine emotionale Reaktion. Er zeigt dieses Verhalten nicht aus Angst oder Unterwerfung, sondern weil es funktioniert. Es hemmt dich in deinem Handeln und verschafft ihm eine Pause oder sogar das komplette Ende deiner Korrektur.

Echte Angst sieht anders aus

Ein wirklich ängstlicher oder unterwürfiger Hund würde sich völlig anders verhalten: Er duckt sich, legt die Ohren an, senkt den Kopf, zieht den Schwanz ein und versucht, sich unauffällig zu entziehen. Kein theatralisches Bauch-Zeigen, sondern stilles, zurückhaltendes Verhalten.

Die richtige Reaktion

Lass dich nicht von der „Armen Hund"-Show beirren. Bleibe bei deinem Vorhaben, auch wenn dein Hund sein ganzes schauspielerisches Talent auspackt. Er ist nicht verängstigt – er ist clever.

Die Schäferhündin drückt die Pfoten an den Menschen, um Abstand herzustellen.

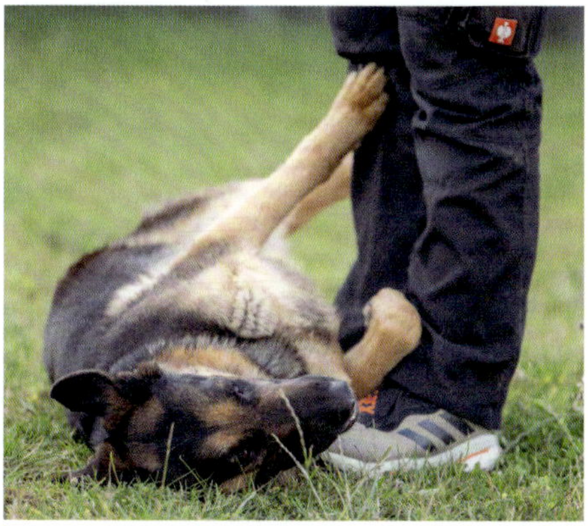

Durch nicht weichen und abwarten lockert sich ihr Druck und löst sich bald auf.

Keine Unterwerfung, sondern Täuschung. Beachte den Blick und die Ohrenstellung.

WIE HUNDE UNSICHERHEIT VORTÄUSCHEN KÖNNEN

Unterschätze niemals, wie gut dein Hund dich kennt. Er weiß genau, welche Knöpfe er drücken muss, um dein Herz zu erweichen – und deine Konsequenz über Bord zu werfen. Hunde haben längst gelernt, dass Menschen Mitleid zeigen, wenn sie Unsicherheit oder Angst sehen. Diese Emotionalität nutzen clevere Vierbeiner gezielt aus.

DIE PERFEKTE TÄUSCHUNG

Du kennst sicher die Videos von Straßenhunden, die plötzlich auf drei Beinen humpeln, bis sie ihr Futter bekommen haben. Dann laufen sie wieder völlig normal. Genau dieses Prinzip funktioniert auch bei der vorgetäuschten Unsicherheit. Besonders bei Tierschutzhunden aus dem Ausland ist dieses Verhalten häufig zu beobachten. In ihrer Vergangenheit haben sie schnell begriffen: Schnappen bringt nichts – im Gegenteil, es verschlechtert die Situation, die Menschen wenden sich ab. Sobald

Zwar liegt Checker, aber mit seinem Blick versucht er, Jessy wegzuschicken.

Anlehnen und mit allen vier Beinen dagegenhalten: das ist keine Unsicherheit.

sie sich klein machen, die Ohren zurücklegen und ganz traurig schauen, haben die Menschen Mitleid und wollen helfen. So kommen diese Hunde ganz schnell zu ihrem Ziel. Das funktioniert einfach immer!

DIE GELERNTE STRATEGIE

Auch dein Hund hat verstanden, wenn er in gewissen Situationen Unsicherheiten vortäuscht, ist das wirkungsvoller als offensives Verhalten. Warum kämpfen, wenn man durch geschickte Manipulation ans Ziel kommt? Du fällst darauf herein, weil du ein gutes Herz hast.

ECHTE UNSICHERHEIT ERKENNEN

Ein wirklich unsicherer Hund zeigt eine stimmige Gesamtkörpersprache – nicht nur einzelne „süße" Elemente. Ganz wichtig ist, wenn dein Hund unsicher ist, frisst er nicht. Echte Angst blockiert das Fressverhalten vollständig. Eine Antilope, die z. B. auf der Flucht vor dem Löwen ist, bleibt auch nicht stehen, weil da das Gras besonders grün ist.

Der wichtigste Unterschied zwischen Unsicherheit und Manipulation ist, dass echte Unsicherheit nicht auf Knopfruck verschwindet.

Ein wirklich ängstlicher Hund braucht Zeit, um sich zu beruhigen. Er wechselt nicht sekundenschnell von „verängstigt" zu „gut gelaunt", sobald er merkt, dass sein Plan aufgeht.
Am einfachsten überprüfst du, ob die Unsicherheit deines Hundes authentisch ist, indem du ihm seinen Willen lässt. Verschwindet die Unsicherheit dann sofort, war es von Anfang an nur Show. Ein unsicherer Hund braucht deutlich länger, um wieder zur Normalität zurückzufinden.

Hilfesuchend wendet sich Hündin Soja an ihren Menschen.

Soja schützt ihren Bauch, indem sie ihn nach oben zieht, und ist wirklich unsicher.

Prada begibt sich in die zweite Reihe.

Hier ist sie schon ein wenig sicherer.

Zu erkennen am Einrücken ihres Hinterteils.

Viel selbstbewusster beobachtet sie alles.

ECHTE FÜHRUNGS-ABGABE® VS. KOMPROMITTIEREN

Dein Hund geht brav hinter dich und ordnet sich ein – endlich scheint er genug Vertrauen in deine Führungskompetenz/-qualität zu haben und sendet dir eine Führungsabgabe®. Oder etwa nicht?
Hier solltest du genau auf die Art und Weise achten, wie dein Hund in die zweite Reihe geht, denn nicht jedes „hinter dir einordnen" ist eine echte Führungsabgabe®.

ECHTE FÜHRUNGSABGABE® ERKENNEN

Eine Führungsabgabe® ist ruhig, ernsthaft und vertrauensvoll. Dein Hund ist entspannt und er macht keine große Show oder übertriebene Gesten. Er nimmt seine Position hinter dir ein, weil er dir vertrauensvoll die Führung überlässt. Dadurch teilt er dir mit, dass er der Meinung ist, du kannst die Situation besser meistern als er.

DIE GESCHICKTE TÄUSCHUNG

Wenn das Ganze jedoch sehr theatralisch und energiegeladen abläuft und dein Hund regelrecht freudestrahlend und mit übertriebener Motivation hinter dich springt, hat das nichts mit einer ernstgemeinten Führungsabgabe® zu tun.
Dein Hund hat folgendes verstanden: Sobald er hinter dir ist, bist du zufrieden und – noch wichtiger – nicht mehr wirklich handlungsfähig. Du siehst ihn nicht mehr, die Kommunikation bricht ab, deine Einwirkung fällt weg. Dein Hund täuscht Kooperation vor, während er in Wahrheit nur eine clevere Ausweichstrategie fährt.

Die Energie macht den Unterschied: Echte Führungsabgaben® sind ruhig und ernsthaft. Übertriebene und theatralische Handlungen sind Schauspielerei.

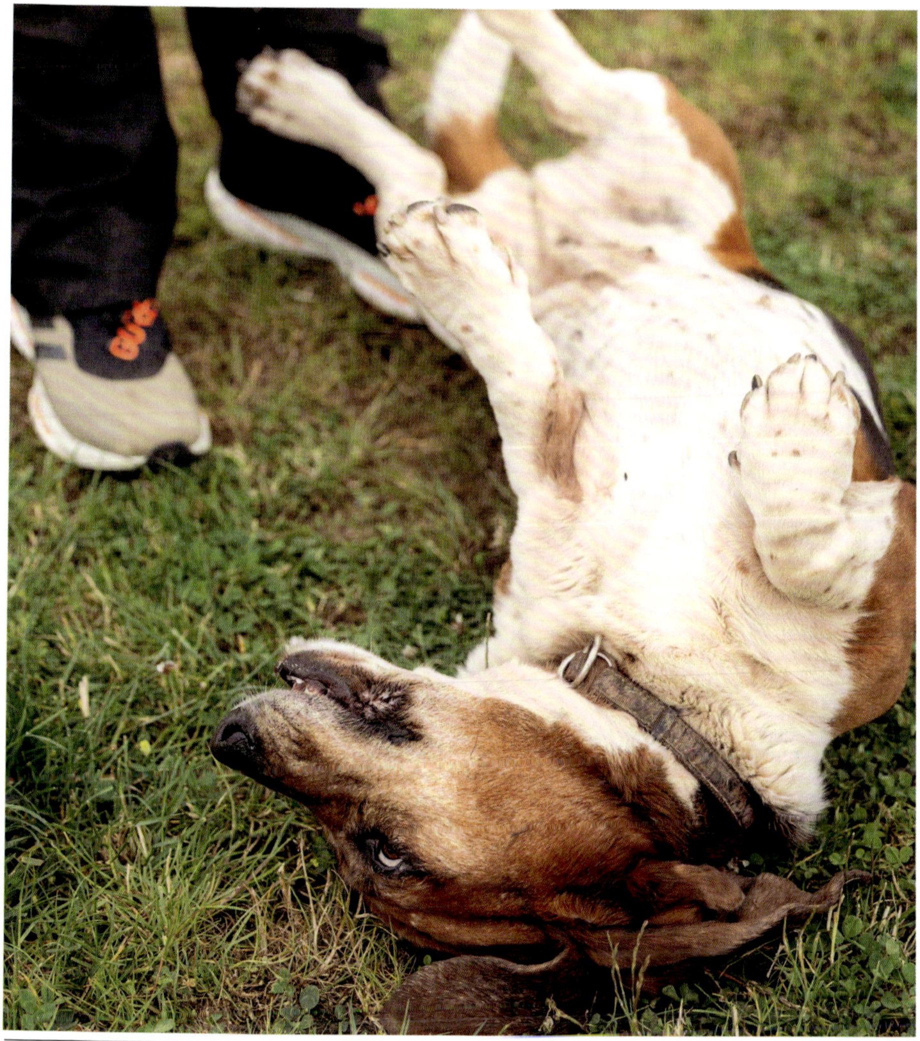

Vertrauensvoll begibt sich Beatrix in eine Führungsabgabe.

DIE VORTEILE, AUF FÜHRUNGSGESTEN ZU REAGIEREN

Wenn man FG erkennt und richtig reagiert:

- Die Bindung zum Hund wird intensiver.
- Hund fühlt sich willkommener.
- Hund lernt, dass er mit uns sprechen kann.
- Hund kann sich Stärke/Unterstützung/Sicherheit von uns holen.
- Hund versteht unsere Reaktion.
- Wir verstehen die Reaktion des Hundes.
- Hund hat weniger Stress.
- Hund kommt leichter zur Ruhe.
- Wir werden berechenbar.
- Unser Hund wird berechenbarer.
- Wir werden Sozialpartner für unseren Hund.
- Formale Hundeerziehung wird nebensächlich.
- Kommunikation kann gelebt und nicht nur geübt werden.

WIE NEHMEN HUNDE UNSERE KOMMUNIKATION WAHR?

— *Ein kleiner Einblick in die Wirkung unserer Bewegungen*

01

02

03

Zum Schluss möchte ich dir ergänzend einen Faktor bewusst machen: deine Bewegung ist für deinen Hund von großer Bedeutung. Kommt dir z. B. ein Hund entgegen und du bist dir nicht sicher, ob dein Hund mit dieser Begegnung überfordert ist, kannst du ihn mit deiner Art der Bewegung stark beeinflussen. Bleibst du z. B. stehen, wird das weitaus intensiver von deinem Hund wahrgenommen. Das kann Fluch und Segen zugleich bedeuten. Wenn du nicht weißt, welche Auswirkungen deine Bewegungen in dieser Situation haben, kann es zu Missverständnissen kommen.

01 Setzt du einen Schritt nach vorne, fragst du deinen Hund, ob es für ihn in Ordnung ist, wenn du die Situation auf deine Art meisterst.

02 Gehst du rückwärts, überlässt du deinem Hund die Entscheidung, wie diese Begegnung zu lösen ist: Und zwar so, wie er es möchte, und du wirst ihn dabei gern unterstützen.

03 Gehst du seitlich von ihm weg, vermittelst du deinem Vierbeiner, dass du und er in dieser Situation absolut autonom und nicht miteinander handelt. Jeder trifft seine eigene Entscheidung, und hat keine Hilfe vom anderen zu erwarten.

04

05

06

07

04 Gehst du in seine Richtung und schiebst ihn auf diese Weise weg, forderst du ihn auf, dir zu überlassen, wie diese Situation zu händeln ist.

05 Aus körpersprachlicher Sicht ist das Bein, das direkt neben dem Hund steht, am bedeutsamsten.

06 Fasst du deinen Hund an und positionierst ihn hinter dir, hilfst du ihm dabei, dir das Handling der Situation zu übergeben und dir seine Unterstützung nicht zu verwehren.

07 Natürlich spielt auch deine Energie immer eine entscheidende Rolle.

Außerdem gibt es noch ganz viele Nuancen, die in dieser Situation die Bedeutung verändern oder verstärken können.

AUS DER PRAXIS

NATALIE UND MINGO

Mein Name ist Natalie, ich bin Hundetrainerin und überzeugte Mehrhundehalterin. Ich freue mich sehr, gefragt worden zu sein, meine Geschichte für dieses Buch zu erzählen. Aber ich kann gar nicht von der „einen Geschichte" berichten, die für mich alles verändert hat, oder das eine Erlebnis/Training, das mir im Gedächtnis geblieben ist. Vielmehr kann ich sagen, dass die Zeit bei Katrin mich wahnsinnig geprägt hat und ich viel über mich, die Hunde und auch das Leben lernen durfte.

Ich lernte Katrin im Jahr 2010 kennen, als sie zu einem Seminar zu uns nach Bayern kam. Damals hatte ich meinen ersten eige-

Mehrhundehaltung im K.S.I. Alltag: entspanntes Miteinander statt Chaos.

Ein spontaner Augenblick mit Chihuahua-Hündin Hummel, der zeigt, wie schön Verbundenheit sein kann.

nen Hund namens Mingo und wir beide hatten bis dahin noch keine Hundeschule besucht. Mingo wuchs mit mir zusammen auf einem Einöd Pferdehof auf und als wir ein paar Jahre später in die Stadt zogen, verstand er nicht, warum die Gassistrecke am Fluss, anders als in der Einöde, nicht mehr ihm allein gehörte. Er entwickelte eine ausgeprägte Leinenaggression. Natürlich half eine Kastration, die mir angeraten wurde, nicht. Im Gegenteil, es wurde immer schlimmer anstatt besser. Eine Freundin empfahl mir das Seminar bei Katrin und schon im Seminar hatte ich das Gefühl, meinen Hund endlich zu verstehen. Endlich sah ich den Rahmen, den er braucht, um in unserer Umwelt sicherer zu werden. Die Führungsgesten, die ich bei Katrin lernte, zeigten sofort Wirkung – Leinenaggression war für uns seither nie wieder Thema. Schon 2010 hatte ich den Wunsch, bei Katrin die Ausbildung zu Hundetrainerin zu machen, und beendete mein Studium vier Jahre später.

Zu jedem Seminar erschien ich bewaffnet mit Zettel und Stift und schrieb alles auf, was ich hörte. Lernen war nie meine Stärke, aber sobald Katrin über Hunde referierte, sog ich alles Wissen regelrecht in mich auf. Je mehr ich lernte, desto besser verstand ich das Zitat von Sokrates: „Je mehr ich weiß, desto mehr weiß ich, dass ich nichts weiß." Mir wurde klar, dass die Hundewelt so groß und so differenziert ist und auf keinen Fall nur „schwarz oder weiß".

Mittlerweile habe ich eine eigene Hundeschule, ein paar Hunde mehr und kann mit absoluter Überzeugung sagen, dass ich das, was ich tue, von ganzem Herzen liebe.

Ich hoffe so sehr, dass euch dieses Buch, mit all dem Wissen um die Führungsgesten, genauso weiterhilft, wie mir damals. Auch wenn ihr vielleicht nicht mit allem, was ihr lest, d'accord geht, denkt daran, es gibt so viel zu lernen und ein Perspektivwechsel schadet nie.

Nur weil wir uns wohlfühlen, heißt das nicht, dass die Hunde keine Themen zu verarbeiten haben.

NEVER CHANGE A WINNING TEAM

– auf Führungsgesten reagieren, wenn alles super läuft?

Wenn du mit der Beziehung zwischen dir und deinem Hund absolut zufrieden bist, und du auch in eurem Alltag nichts ändern möchtest, dann gibt es erst einmal keinen triftigen Grund, Führungsanfragen® zu unterbinden. Du würdest so deine Beziehung zu deinem Hund beeinflussen, was bei völliger Zufriedenheit Blödsinn wäre.

ERST MAL EHRLICH SEIN

Um dich für diesen Schritt zu entscheiden, ist es wichtig zu schauen, ob ihr auch wirklich beide zufrieden seid. Auch wenn du denkst, dass ihr keine Themen habt, wäre es möglich, dass dein Hund anders darüber denkt. Sollte er Probleme haben, den Alltag stressfrei zu bewältigen, ist es wichtig, auf seine generellen Führungsanfragen® zu reagieren. So zeigst du ihm, dass du offen dafür bist, an eurem Führungsgefüge zu arbeiten. Du nimmst deinem Hund die Verantwortung und ersparst ihm so Stress. Ist dein Hund zum Beispiel unsicher bei Gewitter

oder zeigt er ein überzogenes Imponierverhalten? Ein gut geordnetes Führungsgefüge erkennst du daran, dass dein Hund nicht ängstlich oder unangemessen gestresst bzw. aggressiv ist.

WENN WIRKLICH ALLES PASST

Sollte eure Beziehung diesem Check standhalten, hast du allen Grund dazu, völlig flexibel mit generellen Führungsanfragen® umzugehen und besitzt die Freiheit, entspannt zu entscheiden, ob du auf gewisse Gesten reagieren möchtest. In solch einer harmonischen Beziehung ist das Unterbinden von generellen Führungsanfragen® nicht notwendig. Du solltest aber stets ein waches Auge auf eure Beziehung haben und für Kommunikation immer offen sein.
Mit temporären Führungsanfragen® solltest du selbstverständlich gewohnt konsequent umgehen und diese adäquat beantworten. **Führungsansagen® jeglicher Art sollten dennoch immer kritisch hinterfragt werden.**

WENN DER HUND FÜHRT

Tatsächlich konnte ich glückliche Mensch-Hund-Beziehungen beobachten, in denen der Hund führte und der Mensch sich führen ließ. In sehr seltenen Fällen kann es somit eine sorglose Beziehung für beide Seiten sein. Es setzt allerdings voraus, dass der Hund unglaublich souverän und führungskompent ist, und sein Mensch keinen großen Wert auf Gehorsam und Führung legt. In diesem Fall ist es für den Menschen nicht sinnvoll, generelle Führungsgesten zu unterbinden.

Beleuchte differenziert und objektiv deine Seite und die deines Hundes, um zu entscheiden, wie du mit Führungsgesten umgehst. Vermeide einschneidende Veränderungen in der Kommunikation mit deinem Hund, wenn du eigentlich nichts verändern möchtest.

Intensive gemeinsame Zeit ist immer wichtig.

AUS DEM LEBEN
DER HUNDEMEUTE
— von Katrin Scholz

Klein, aber oho. Bubbles weiß genau, was sie will.

Auch meine Hunde lieben und leben Führungsgesten in den unterschiedlichsten Situationen. Und daran möchte ich euch einmal teilhaben lassen.

SCHOSSKÖNIGIN BUBBLES

Eine meiner Prager Rattler-Hündinnen ist Bubbles. Sie zeichnet sich besonders durch ihre ausgeprägten Führungsgesten aus und kann exzellent unterscheiden, wo sie ist, bei wem sie ist und wer sich gerade um sie kümmert. Ich nehme Bubbles unglaublich gern mit auf Seminare, weil sie dort ein faszinierendes Verhalten zeigt: Sie lässt sich von allen Teilnehmenden durchknuddeln, geht bei jedem auf den Schoß und thront dort wie eine kleine Königin.
Bei diesen Gelegenheiten sorgt sie immer dafür, einmal die Runde zu machen – sie klettert von Teilnehmendem zu Teilnehmendem, von Schoß zu Schoß und lässt sich von jedem ausgiebig streicheln. Dieses Verhalten zu beobachten ist nicht nur unterhaltsam, sondern auch sehr aufschlussreich.

Obwohl Bubbles es gewohnt ist, mit vielen Hunden zusammenzuleben und Eifersucht normalerweise kein Thema ist, zeigt sie ein ganz besonderes Verhalten: Sitzt sie bei einem Seminarteilnehmenden auf dem Schoß, darf sich absolut kein anderer Hund diesem Schoß nähern.
Jeder Hund, egal ob einer aus meiner Hundegruppe oder ein Hund aus dem Seminar, wird von ihr überzeugend weggeschickt. Mal durch Knurren, mal durch Zähnefletschen, aber auch simples Fixieren und überzeugendes Abschnappen gehören zu ihrem weitgefächerten Repertoire. Sie bleibt strikt auf dem Schoß sitzen und wird regelrecht wütend. Sie verhält sich äußerst konsequent und versucht mit allen Mitteln, fremde Hunde von „ihrem“ eroberten „Thron“ fernzuhalten. Die betreffenden Personen können in diesen Momenten keine anderen Hunde streicheln, da Bubbles sofort reagiert – sie verwandelt sich buchstäblich in einen Mini-Piranha. Interessanterweise zeigt Bubbles dieses Verhalten ausschließlich bei Seminarteilnehmenden. Wenn sie bei mir auf dem Schoß sitzt, ist von diesem hoheitlichen Verhalten nichts zu bemerken.

THERAPIEHÜNDIN WONKA

Es kann manchmal schwierig sein zu entscheiden, welche Führungsgesten man dulden sollte und welche nicht. Bei unseren Therapiehunden stehen wir vor besonderen Herausforderungen, denn in der Therapie ist es durchaus erwünscht, dass die Hunde Führungsanfragen® an die Klient:innen senden. Schließlich sollte ein guter Therapiehund durch die Therapiesitzung führen. Deshalb ist es absolut legitim, wenn Therapie- oder Besuchshunde Führung übernehmen und entsprechende Anfragen stellen. Allerdings kann dies manchmal zu Komplikationen führen. Eine meiner besten Therapiehündinnen ist Wonka, ein zentralasiatischer Owtscharka (Alabai). Sie ist hervorragend ausgebildet und macht ihren Job exzellent. Sie kann mit Kindern, älteren Menschen, psychisch kranken Personen und besonders gut mit Autist:innen arbeiten.

Was Wonka allerdings nicht beherrscht, ist die Unterscheidung zwischen Arbeit und Freizeit.

Sie überträgt ihre therapeutischen Verhaltensweisen nahtlos in den Alltag. Es ist immer wieder faszinierend zu beobachten, wie sie mit meinen regulären Kund:innen umgeht – also Menschen, die nicht für eine Therapie, sondern wegen ihrer eigenen Hunde zu mir kommen.

Wonka ist stets die erste, die zum Tisch geht, bei jeder Person vorbeischaut, den Kopf auflegt und wiederholt zur Streicheleinheit auffordert. Manchmal sucht sie sogar nach Leckerchen und macht richtig „Therapiearbeit". Besonders problematisch wird es, wenn die Leute gerade Kaffee trinken und Wonka mit der Nase unter ihren Arm geht und diesen schwungvoll nach oben schubst – was regelmäßig zu verschüttetem Kaffee führt. Es ist natürlich schwierig, Wonka in solchen Momenten klarzumachen, dass es sich um Kund:innen handelt, die ihre Zuwendung gerade nicht benötigen und nicht um Therapieklient:innen. Sie sieht das eben anders, und ehrlich gesagt fällt es mir schwer, hier einzugreifen. Letztendlich lassen wir sie gewähren. Es bringt mich immer zum Schmunzeln, weil es einfach liebenswert ist, wie konzentriert sie permanent ihre Arbeit verrichtet und auch meine Kund:innen feiern Wonkas Verhalten immer gebührend. Mir fallen nur wenige Situationen ein, in denen ihre Annäherung als störend empfunden wurde.

Ein großes Owtscharka-Mädchen im Therapieeinsatz, sorgt definitiv für einige heitere und herzerwärmende Momente im Arbeitsalltag.

GRENZGÄNGERIN KIM

Manchmal wird man regelrecht an der Nase herumgeführt. Die Mutter von Vidocq – Kim – ist ein Paradebeispiel für einen unterschwellig sehr selbstbewussten Hund, der ständig Grenzen auslotet. Ich bezeichne solche Hunde gern als „Grenzgänger". Kim prüfte stets, was sie durfte und wo ich die Grenzen setzte. Sie ging dabei immer exakt bis an diese Grenze – da passte keine Briefmarke mehr dazwischen. Sie nutzte jede Gelegenheit und testete kontinuierlich, was sie sich noch erlauben konnte.

Schon allein der Blick dieser sehr selbstbewussten Hündin spricht Bände.

Eine ihrer Lieblingsbeschäftigungen war das gezielte Absetzen von Urin – am liebsten mitten auf dem Weg und bevorzugt direkt auf Wegkreuzungen. Wenn irgendwo ein Pfad kreuzte, hockte sie sich genau in die Mitte und urinierte. Da es sich hierbei um eine Führungsaussage® handelt, hätte ich dies eigentlich unterbinden müssen. Doch dieses kleine Biest schaute mich dabei direkt an und setzte ihr Geschäft unbeirrt fort. Wenn ich mich empört zeigte und gegebenenfalls ermahnte, pinkelte sie einfach unbeirrt weiter – es interessierte sie nicht die Bohne. Versuchte ich zu ihr zu gelangen, um sie zu unterbrechen, hatte sie bereits kalkuliert, wie lange ich brauchen würde, um bei ihr anzukommen. Und kurz bevor ich sie erreichte, lupfte sie ihren Hintern, lief los und signalisierte: „Fertig" – woraufhin sie erhobenen Hauptes mit hochgestellter Rute majestätisch davontrabte.
Dies ist übrigens der Grund – und damit lüfte ich ein kleines Geheimnis – warum ich einen Hundespielstock aus Gummi besitze. Wenn Hunde wie Kim eine Führungsaussage® wie das Markieren auf Wegen oder an exponierten Stellen zeigen, sage ich zunächst: *„Lass das."* Merke ich, dass mein Ermahnen ignoriert wird, kann ich dieses spezielle Utensil in Richtung Hund werfen – natürlich treffe ich ihn nicht! Doch sobald Kim sah, dass *„die Scholz etwas wirft"*, hörte sie tatsächlich auf und ging weg.
Interessanterweise – und das finde ich besonders faszinierend – haben meine Hunde ein Unrechtsgefühl, denn sie wissen genau, ob sie etwas Verbotenes tun oder nicht. Werfe ich den Hundespielstock einfach so, laufen sie sofort hinterher und bringen ihn zurück. Werfe ich ihn jedoch in Richtung eines Hundes, der gerade etwas Verbotenes tut, beendet er sein Verhalten sofort.

Daiquiri weiß genau, wie man mit Menschen umgeht.

ANSPRINGERIN DAIQUIRI

Manche Hunde haben besondere Vorlieben, die sie gern ausleben, obwohl sie wissen, dass sie nicht erwünscht sind. Ich beobachte immer wieder, wie sie Strategien entwickeln, um ihre Lieblingsverhaltensweisen in abgewandelter Form fortführen zu können. In solchen Fällen sollte man dies manchmal akzeptieren und sogar stolz auf die Intelligenz seines Hundes sein, der es schafft, eine akzeptable Variante zu finden.

Ein hervorragendes Beispiel dafür ist meine Hündin Daiquiri, die bei mir geboren wurde. Ihre Mutter Grappa ist mir sehr ans Herz gewachsen und genießt einen hohen Rang in unserer Gruppe. Ihr Vater Sputnik kam als Problemhund zu mir, erwies sich aber als wunderbarer Kerl. Daiquiri selbst ist ein ausgesprochen helles Köpfchen – vermutlich einer der intelligentesten Hunde, die ich je hatte. Sie beobachtet alles genau, wägt ab und kennt die Grenzen des Erlaubten präzise. Daiquiri liebte es über alles, Menschen anzuspringen, was ich natürlich nicht dulden konnte. Als sie merkte, dass ich darauf ärgerlich reagierte, entwickelte sie eine Alternative: Sie stellte fest, dass ich es ausgesprochen niedlich fand, wenn sie sich rücklings an mich anlehnte und ich ihr den Bauch kraulen konnte. Sie verfeinerte diese Methode zunehmend, und mittlerweile läuft es so ab: Statt mich anzuspringen, geht sie rückwärts vor meine Füße und drückt sich mit Schwung gegen mich – quasi ein „Rückwärtsanspringen". Da sie mich dabei nicht mit den Pfoten berührt, entspricht dies technisch nicht mehr meiner Definition von „Anspringen". So hat sie gewissermaßen mit mir ausgehandelt, dass dieses Verhalten akzeptabel ist und ich finde es zuckersüß und freue mich jedes Mal darüber – auch wenn ich nach außen hin etwas cool reagiere, während ich ihr den Bauch kraule und sie sich an mich anlehnt. Ob es sich hierbei auch um eine Form der Manipulation handelt und ob ich es unterbinden müsste? Ich weiß es nicht, aber genau genommen interessiert es mich auch nicht.

JODEL-QUEEN BEATRIX

Mein erster Basset, Beatrix, ist ein Hund, der unglaublich gern Aufmerksamkeit bekommt – und dies auf recht lautstarke Weise einfordert. Man fühlt sich dabei ein wenig an Winnetou-Filme erinnert – dieses „Uhu"-Geräusch beschreibt es ganz gut. Es ist wie eine Mischung aus Jodeln und Bellen, und sie kann dieses Verhalten ausdauernd ausleben. Beim Start eines Spaziergangs läuft sie mit und produziert genau diese Laute, sodass ich ihr zu verstehen gebe: *„Ja, Bea, ich weiß, du bist auch dabei."*

Genau dieses Verhalten war der Grund für ihre Abgabe – sie lebte in einem Mehrfamilienhaus und gab bei jedem Spaziergang und immer dann, wenn sie zu wenig Aufmerksamkeit bekam, diese charakteristischen Geräusche von sich. Einerseits macht sie das natürlich besonders liebenswert. Sie ist oft der heimliche Star meiner Seminare, weil alle über sie lachen, wenn sie sich vor mich stellt und mich mit ihrem „Uhu" unterbricht. Andererseits ist es verständlich, dass dieses Verhalten in einer Wohnsiedlung problematisch sein kann. Diese Laute gibt sie übrigens auch von sich, wenn es ans Füttern geht – Bea hat eine eingebaute innere Uhr und beginnt pünktlich zur Fütterungszeit mit ihrem Konzert, wenn wir nicht schnell genug sind. Das war natürlich für die Nachbarn ihrer früheren Familie belastend. Selbstverständlich müssen wir darauf achten, nicht auf dieses Verhalten einzugehen und erst für Ruhe sorgen, bevor wir sie füttern, was die Situation jedoch nicht weniger nervenaufreibend macht. Bea macht mir so tagtäglich bewusst, dass ich mir vorher hätte Gedanken machen müssen, ob ich dieses Verhalten dulden möchte oder nicht. Ich kann es abstellen, aber nicht kategorisch verbieten, was auch nur dann angenehm ist, wenn ich in ihrer Nähe bin, um ihr zu sagen, dass es gerade nicht angebracht ist, sich lautstark zu äußern.

So ist es eben, wenn man einen lauten Basset bzw. Meutehund hat. Was man manchmal äußerst unterhaltsam findet – oft möchte ich sie gar nicht unterbrechen, weil ich es so lustig finde – kann in anderen Situationen zum echten Problem werden.

Man kann sich kaum vorstellen, welche Geräusche aus diesem Hund kommen.

Schluckauf behandelt jeden Menschen ganz individuell.

Einmal energiegeladen und dann wieder kuschelbedürftig.

THERAPIEHUND SCHLUCKAUF

Wir hatten einmal einen Australian Shepherd-Owtscharka-Mix namens Schluckauf, der als Therapiehund ausgebildet war. Er war ein hervorragender Therapiehund. Meine Therapiehunde arbeiten sowohl mit mir, als auch mit unserer Sozialpädagogin, die mittlerweile hauptsächlich diese Aufgabe übernimmt.
Wenn ich mit Schluckauf unterwegs war, verhielt er sich tadellos. Er leistete exzellente Arbeit und war wirklich der Liebling aller Klient:innen. Sobald ihn jedoch jemand anderes mit zur Arbeit nahm, verstand er durch das Setzen diverser Duftmarken allen in der Einrichtung mitzuteilen: *„Ich war hier!"* Klammheimlich hob er, häufig unbemerkt, so oft er konnte sein Bein, um Duftmarken zu hinterlassen. Er war schlichtweg nicht in der Lage, ohne mich zur Arbeit zu gehen. Deshalb konnten wir ihn nur einsetzen, wenn ich persönlich mit ihm in die Therapiesitzungen ging. Leider konnten wir dieses Problem auch nicht beheben, weil er in unbemerktem Setzen von Duftmarken immer gewitzter wurde.

MORGENMUFFEL GRAPPA

Grappa, Daiquiris Mutter und wie Artax ebenfalls ein Königskind, beherrscht seit Jahren eine ganz besondere Kunst: Sie kann sich überzeugend schlafend stellen. Grappa ist ein absoluter Morgenmuffel, sie findet Aufstehen völlig überflüssig und sie bemüht sich auf ihre Art, dies so weit wie möglich hinauszuzögern. Ich kann sie ansprechen – sie reagiert überhaupt nicht, stattdessen bleibt sie entspannt auf der Seite liegen und lässt die Augen geschlossen. Manchmal kneift sie die Augen regelrecht zu, um sich schlafend zu stellen. Es ist wirklich ein eindrückliches Beispiel für strategisches Ignorieren – und ich finde es unglaublich liebenswert, denn da sind wir uns absolut einig: frühes Aufstehen ist nicht unser Ding!

Artax fühlt sich in seiner Hundegruppe sichtlich wohl.

MULTITALENT ARTAX

Unser absoluter Führungsgesten-König ist Artax. Als Sohn von Biko und Chucky, die jahrelang als Team meine Hundegruppe leiteten, nennen wir ihn und seine Schwester Grappa liebevoll Königskinder. Er hat alle Führungsgesten auswendig gelernt und präsentiert immer wieder stolz und mit viel Eifer sein gesamtes Gestenwissen.

UNTERBRECHUNGSKÜNSTLER

Schon sehr jung wurde Artax als Therapiehund ausgebildet. Wir setzen ihn vornehmlich bei Kindern mit ADHS ein. Er liebt deren Energie, besitzt selbst viel davon und arbeitet ausgesprochen gern mit ihnen.
Für einen Therapiehund gilt natürlich als oberste Regel: Wenn ihm etwas nicht gefällt, darf er weder schnappen noch knurren. Theoretisch müsste er aufstehen und weggehen. Da Artax den Kontakt zu den Kindern aber nicht abbrechen möchte, brauchte er seine eigene Strategie, um den Kindern mitzuteilen, was für Berührungen er als unangenehm empfindet.
Er erkannte, dass Weggehen keine Option und Wegstupsen nicht akzeptabel ist, da dies die Interaktion komplett beenden würde. Irgendwann entdeckte er, dass Quietschen die Kinder stocken und ihre Handlungen unterbrechen ließ und er sofort mitleidig geknuddelt wurde, was ihm überaus gut gefiel. Dies wurde dann dummerweise seine „meist erfolgreiche“ Strategie in allen Lebenslagen, wenn er irgendetwas unterbrechen oder erreichen will.

Es ist eine klassische Taktik: übertrieben auf Dinge reagieren oder sogar Angst vortäuschen, um das Verhalten des Gegenübers zu unterbrechen oder zu kontrollieren.

Artax ist mittlerweile recht betagt und nach wie vor ein fantastischer Hund. Dieses manipulative Quietschen hat er jedoch nie abgelegt.

KÖNIG IM SCHAULAUFEN

Außerdem hat er eine ganz besondere Vorliebe. Er nimmt mit Begeisterung jegliches Spielzeug, Stofftiere und verschiedenste Objekte ins Maul und trägt sie Menschen hinterher. Diese Aktivität kann er stundenlang freudestrahlend durchführen. Interessanterweise zeigt er dieses Verhalten bei mir nicht, dafür aber bei allen anderen Personen. Anfangs freuen sich die Leute meist über sein Verhalten, weil es so aussieht, als würde er ihnen Geschenke bringen. Die Begeisterung schwindet aber merklich, wenn er ihnen nun stundenlang mit dem Objekt folgt, ohne die Bereitschaft zu zeigen, es ihnen zu überlassen. Doch Artax wäre ja nicht der Führungsgesten-König, wenn er sich das Spielzeug abnehmen ließe.

Ich unterbinde diese Daueraktivität mehr zum Wohl des Hundes, als aus sonstigen Gründen. Ich nehme ihm das Spielzeug weg und weise ihn an, sich hinzulegen. Artax zeigt sich darüber stets höchst empört – aber letztendlich muss es eben manchmal sein. Dieser Umgang mit Schaulaufen ist besonders wichtig, da – wie wir alle wissen – ein Hund idealerweise mindestens 19 Stunden täglich ruhen sollte. Weil in unserem Umfeld viele Menschen ein- und ausgehen – Angestellte, Freunde, Bekannte, Kund:innen – würde Artax mit seinem selbstgewählten „Job" überhaupt nicht mehr zur Ruhe kommen.

ALARMANLAGE

Seine ausgeprägte Vorliebe zur akustischen Kommunikation zeigt Artax auch in anderen Situationen. Wenn bekannter Besuch kommt, kündigt er diesen durch lautes Geschrei an. Dies hat nichts mehr mit Fiepen zu tun – er stößt tatsächlich Schreie in höchsten Tönen aus.

Da ich daheim Unterricht gebe, kommen naturgemäß viele Menschen ins Haus. Meine Hunde tolerieren dies im Allgemeinen sehr gelassen und bleiben ruhig. Doch allein anhand von Artax' Reaktion kann ich bereits hören, ob die ankommenden Personen ihm bekannt sind oder nicht. Bei bekannten Besuchern erzeugt er eine Geräuschkulisse, die ihresgleichen sucht. Es ist wirklich schade, dass ein Buch keine Tonaufnahmen enthalten kann – ihr würdet euch köstlich amüsieren!

Königlich führt Artax die Rangliste im Senden von Führungsgesten an.

TÜRSTOPPER APACHE

Eine weitere interessante Geschichte dreht sich um Apache, einen Schäferhund-Rüden mit besonderem Status in unserer Gruppe. Apache ist übrigens der Vollbruder von Daiquiri. Er war als Welpe lebensbedrohlich krank und wir hatten kaum damit gerechnet, dass er überleben würde. Wenn man sich solche Sorgen um ein Tier macht und so viel Zeit investiert, entwickelt man natürlich eine besonders intensive Bindung.
Mit mir ist Apache ausgesprochen liebevoll, aber er zeigt fremden Menschen gern, dass er ein reines „Mama-Kind" ist und sonst niemanden wirklich ernst nimmt. Wenn ich in meinem Seminarraum sitze und eine Privatstunde oder ein Seminar gebe, legt sich Apache mit vollem Körpergewicht direkt vor die Tür. Wenn dann Kund:innen ein- oder ausgehen möchten – man glaubt es kaum – bewegt er sich keinen Millimeter von der Stelle. Meine Kund:innen müssen von mir meistens ermutigt werden, trotz Apache-Türstopper die Tür zu öffnen. Doch das ist ein Kraftakt, die Tür aufzumachen und Apache auf die Seite zu schieben. Obwohl die Tür sich bewegt, bleibt Apache völlig entspannt auf der Seite liegen und hebt nicht einmal den Kopf. Ob er dabei ein Auge öffnet, lassen wir mal dahingestellt sein. Er rührt sich jedenfalls nicht und hilft auch nicht im Geringsten mit.
Wenn ich hingegen Anstalten mache, durch die Tür zu gehen, steht Apache wie selbstverständlich auf, lässt sich noch einmal von mir streicheln und macht bereitwillig Platz. Ein perfekter Wachhund also.

Apache trifft mit seinem Blick zielgenau den Mitleidsnerv.

FÜHRUNGSANFRAGE® VON CONTRA

Immer wieder beobachte ich, dass meine Kund:innen nach einer Fortbildung zum Thema Führungsgesten besonders streng, schroff und teilweise sogar erbost reagieren, wenn ihr Hund entsprechende Verhaltensweisen zeigt. Ich finde das ungerecht, denn wir sollten uns bewusst machen, dass temporäre Führungsgesten im Grunde nur eine Form der Kommunikation darstellen.
Es ist äußerst wichtig zu verstehen, dass temporäre Führungsanfragen® durchaus ein Unterstützungsangebot sein können. Wenn mein Hund unsicher ist oder jemand auf uns zukommt und mein Hund eine Führungsanfrage® stellt, fragt er mich eigentlich, ob wir Unterstützung benötigen. Er stellt uns nicht infrage, sondern erkundigt sich, ob ich seine Hilfe brauche und je nach Temperament oder Veranlagung vom Hund kann es für ihn auch bedeuten, dass er übernehmen soll.
Eine solche Situation erlebte ich mit meiner jungen Hündin Contra, die erst zehn Monate alt war. Sie sollte mich beim Training mit einem reaktiven Hund unterstützen. Contra beobachtete diesen Hund, der sie ebenfalls anschaute, und in diesem Moment stellte sie den Fuß vor meinen und somit eine Führungsanfrage®. Da ich gerade mitten in einer Erklärung war, nahm ich die Anfrage zwar wahr, reagierte aber nicht darauf. Als der reaktive Hund dann nach vorne ging, reagierte Contra ihrerseits – was bei einer zehn Monate alten Hündin nicht ideal ist. Wichtig ist aber: Ich reagierte nicht verärgert. Stattdessen nahm ich zur Kenntnis, dass ich versäumt hatte, ihre Anfrage zu beantworten, indem ich ihren Fuß hätte wegschieben müssen. Ich rief sie zu mir zurück und wir starteten neu. Als der andere Hund erneut fixierte, stellte sie die gleiche Anfrage. Diesmal schob ich ihren Fuß weg, wodurch ich ihr mitteilte, dass sie nicht in der Verantwortung war, sondern ich. Als der andere

Auch dieser zuckersüße Blick braucht das richtige Feedback.

Hund offensives Verhalten zeigte, ging Contra vertrauensvoll zurück und zeigte keine weitere Reaktion auf das Verhalten des anderen Hundes. Ich blieb auch ruhig, lächelte und nickte meinem Hund bestätigend zu. So wusste Contra: *„Alles richtig gemacht und Katrin ist stolz auf mich."*
Anschließend setzte ich sie weiterhin im Training ein, und alles verlief völlig normal. Sie verhielt sich weder besonders reaktiv, noch in irgendeiner Weise anders als sonst, weil für sie unsere Kommunikation eindeutig war. Hätte ich ihr vermittelt, dass sie falsch gehandelt hat, als sie nach vorne ging, hätte sie es nicht verstanden und wäre verunsichert gewesen.
Deshalb ist es so wichtig zu wissen: Es kann durchaus bereichernd sein, vom Hund Unterstützung anzunehmen. Wir müssen nur lernen, diese zu lenken und zu leiten, damit sie sich nicht verselbstständigt. Wir dürfen nicht sauer sein, wenn unser Hund nach einer nicht beantworteten Führungsgeste Entscheidungen trifft, die nicht unseren Vorstellungen entsprechen.

Ehre, wem Ehre gebührt: Vidocq

MITTELPUNKT-LIEBHABER VIDOCQ

Vidocq, Prinz Charming und El Cheffe, der Hund, der in meiner Gruppe etwas zu sagen hat. Als Sohn meines Seelenhundes Biko und der Grenzgängerin Kim könnte man ihn als den Meister der Führungsaussagen® bezeichnen. Besonders auf Seminaren – also immer dann, wenn viele Menschen anwesend sind. Das ist kein Zufall, denn wie ihr bereits erfahren habt, dienen diese Aussagen dazu, möglichst viele Gruppenmitglieder zu erreichen. Da Vidocq in meiner Hundegruppe die höchste Position innehat, möchte er diesen Status natürlich auch nach außen demonstrieren.

Wenn ich Unterricht oder ein Seminar gebe und alle im Kreis stehen, nimmt er sich irgendein Spielzeug oder sonstigen Gegenstand, legt ihn mitten in den Kreis und wälzt sich genüsslich darauf. Manchmal wälzt er sich auch einfach ohne Gegenstand mitten in der Gruppe.

Auf den ersten Blick könnte man es für reizend halten. Doch bei genauerer Betrachtung handelt es sich um eine unmissverständliche Führungsaussage®. Er zeigt allen Anwesenden seinen verletzlichen Bauch, macht es sich gemütlich, präsentiert sein Spielzeug und demonstriert, wie wohl er sich im Mittelpunkt der Aufmerksamkeit fühlt. Dies ist definitiv ein Statement. Bemerkenswert ist vor allem, dass er dieses Verhalten bewusst inmitten der Gruppe zeigt, obwohl er außerhalb des Kreises genügend Platz hätte. Aus hündischer Sicht macht er sich durch das Präsentieren seiner Weichteile verletzlich, indem er sich mitten in der Gruppe so exponier zeigt. Dies spricht natürlich auch für ein ausgeprägtes Selbstvertrauen und die Gewissheit seiner Position. Es zeigt, dass er sich seines Status bewusst ist und sich sicher ist, dass, egal wie verletzlich er sich zeigt, er von niemandem etwas zu befürchten hat. Natürlich freue ich mich über dieses Urvertrauen, dennoch ist es eine klassische Führungsaussage®. Manchmal finde ich dieses Verhalten so charmant, dass ich es zulasse. In anderen Situationen fordere ich ihn auf, den Kreis zu verlassen. Alternativ nehme ich das Spielzeug an mich und schicke ihn aus der Gruppe. Eine weitere bevorzugte Geste seinerseits ist das strategische Platzieren an zentralen Stellen, vor allem in den Pausen. Vidocq legt sich so hin, dass möglichst viele Teilnehmende über ihn hinwegsteigen oder um ihn herumlaufen müssen. Die meisten meiner Kund:innen tun dies auch. Wichtig dabei ist: Meine Seminarteilnehmenden verhalten sich völlig richtig, denn sie haben mit Vidocq keine Führungsfrage zu klären. Es besteht für sie keine Notwendigkeit, ihm gegenüber einen Führungsanspruch zu demonstrieren. Wenn überhaupt, müsste ich als seine Bezugsperson dieses Verhalten unterbinden. Und auch hier muss ich gestehen, dass ich mich manchmal schwer tue, weil ich ein wenig stolz darauf bin, wie er sich nach außen präsentiert.

Schon in jungen Jahren wusste Vidocq, was er will.

Ein wichtiger Grundsatz: Bei fremden Hunden, mit denen wir keinen Führungsanspruch klären müssen oder wollen, sollten wir solche Gesten nicht unterbinden. Es ist schlicht nicht notwendig. Wir können das Verhalten einfach zur Kenntnis nehmen und gegebenenfalls die Bezugsperson bitten, die Geste zu unterbinden, falls sie uns stört. Bei Führungsanfragen® kann man jedoch durchaus nachfragen, ob es in Ordnung ist, wenn man darauf reagiert – das ist weder verkehrt noch ungewöhnlich.

TÜRWÄCHTERIN SAMBUCA

Sambuca, eine Tochter von Chucky, unterscheidet äußerst präzise, bei wem sie ihre Belange kompromisslos durchsetzen kann. Diese Differenzierung beherrscht sie meisterhaft und sie wägt ihre Reaktionen genau ab. Im Grunde setzt sie bei allen Menschen ihre Vorstellungen durch – außer bei mir. Sambuca möchte stets in meiner Nähe sein, hält sich gern dort auf und folgt mir mit großer Begeisterung. Außerdem zeigt sie immer große Aufregung, wenn die gesamte Hundegruppe irgendwohin aufbricht – sei es beim Starten für einen Spaziergang, bei bevorstehender Fütterung oder ähnlichen Aktivitäten.

Wenn ich in solchen Situationen die Tür öffne, verhält sich Sambuca völlig unauffällig und wartet geduldig, bis sie an der Reihe ist. Öffnen andere Personen die Tür, verändert sich ihr Verhalten komplett: Sie besteht darauf, sofort durchgelassen zu werden. Wird ihr der Durchgang verwehrt, gibt sie alles, um ihren Willen durchzusetzen. Ich bin mir sicher, dass sich bei unsachgemäßem Umgang auch mal ein Eckzahn verirren könnte. Natürlich sind wir froh um dieses Wissen und gehen verantwortungsbewusst und umsichtig damit um. Dieses Verhalten zeigt sie selbst bei bekannten Personen, wenn diese sich nicht überzeugend durchsetzen können. Sobald sie diese Unsicherheit wahrnimmt, agiert sie äußerst kompromisslos und sorgt dafür, dass sie ihren Willen bekommt.

Sambucas Wille versetzt Berge.

MANIPULATORIN CHUCKY

Chucky, die Mutter von Artax und Grappa, verstand es nicht nur meisterhaft, für viele Jahre die Hundegruppe zu führen, sondern schaffte es wie keine andere, Menschen für ihre Zwecke einzuspannen. Ihre Lieblingsbeschäftigung war es, etwas Geworfenem hinterherzulaufen. Sobald sie auf einen Menschen traf, forderte sie diesen unermüdlich zum Werfen auf. Manchmal genügte bereits ein einfacher Papierschnipsel. Diese Gegenstände legte sie den Leuten direkt vor die Füße, ging dann rückwärts, setzte sich hin und blickte sie so lange süß und goldig an, bis diese das Spielzeug warfen.

Das wirklich Faszinierende war zu beobachten, wie strategisch sie dabei vorging: Sie gab das Spielzeug nur her, wenn die Personen aufrecht standen und freundlich wirkten. Sobald jemand das Spielzeug nahm, daran zog und echtes Interesse bekundete, hielt sie es überzeugend fest und weigerte sich, es freizugeben. Erst wenn die Person kein Interesse mehr am Spielzeug zeigte, sich aufrecht stellte und entspannt wirkte, legte Chucky es vor sie hin.

Und selbst dann galt eine wichtige Regel: Nur wenn sie saß, durfte nach dem Spielzeug gegriffen werden. Versuchte jemand vorher danach zu greifen, machte sie sich einen Spaß daraus, blitzschnell danach zu schnappen und damit wegzulaufen. Dies sorgte stets für große Heiterkeit und machte Chucky zu einer wunderbaren Ablenkung bei Seminaren. Es störte sie überhaupt nicht, ob andere Hunde in der Nähe waren oder ob die Menschen, die sie zum Werfen animierte, einen Hund bei sich hatten. Es war immer eine ausgesprochen gelungene Nummer.

Chucky war ungemein nervenstark und sehr selbstbewusst – nichts brachte sie aus der Ruhe. Deshalb konnte sie diese Strategie praktisch überall anwenden. Die Krönung ihres Verhaltens erlebte ich, als wir einmal als Teilnehmende bei einem Karnevalsumzug dabei waren. Dort wurden bekanntlich Bonbons und andere Süßigkeiten geworfen. Chucky lief frei mit und verstand es, die geworfenen Bonbons zu fangen. Diese legte sie dann den Zuschauer:innen vor die Füße und wartete mit großen Augen darauf, dass jemand diese Bonbons für sie warf. Noch heute könnte ich mich totlachen über das, was sie dort geleistet hat und wie verdutzt die Leute geschaut haben. Sie blendete einfach diesen riesigen Trubel aus und nutzte die Menschen geschickt für sich. Besonders bemerkenswert fand ich, dass Chucky ansonsten überhaupt kein Interesse an Spielzeug hatte. Wenn ich alleine mit ihr war, zeigte sie keinerlei Neigung, Gegenstände durch die Gegend zu tragen oder sich mit Spielzeug zu beschäftigen. Dieses manipulative Verhalten reservierte sie ausschließlich für Situationen mit fremden Menschen. Ein fantastisches Beispiel, wie sich Menschen von Hunden arglos bewegen lassen.

Chucky war eine echte Führungspersönlichkeit und spannte auch Menschen für ihre Zwecke ein.

SERVICE

ÜBER DIE AUTORIN

Katrin Scholz bezeichnet sich selbst nur ungern als klassische Hundetrainerin. Viel eher versteht sie sich als Menschencoach, Dolmetscherin und Übersetzerin zwischen Hund und Mensch. Ihre Arbeit hat sich im Laufe der Jahre immer stärker vom formellen Training entfernt und hin zu einem tiefen Hundeverständnis und einer klaren, feinen Kommunikation entwickelt. Dabei wurde deutlich: Das Formelle – Sitz, Platz, Fuß – ist selten das eigentliche Thema. Die wahren Herausforderungen entstehen meist im sozialen Miteinander, in Missverständnissen, Unsicherheiten, fehlender Orientierung oder mangelnder Klarheit. Genau hier setzt Katrins Arbeit an. Sie arbeitet kynosozial®, also an der sozialen Beziehung zwischen Mensch und Hund. Ihr Ansatz unterstützt beide Seiten dabei, sich gegenseitig zu verstehen, miteinander zu wachsen und ein stabiles, vertrauensvolles Fundament aufzubauen. Besonders einzigartig ist Katrins Lebensprojekt: Es gibt weltweit kein vergleichbares Modell, denn ihre Hunde sind nicht kastriert, leben im Haus mit ihr zusammen und dürfen sich frei entscheiden, ob sie bei ihr sein oder draußen in ihrem Umfeld eigene Wege gehen möchten. Dieses natürliche, offene und respektvolle Zusammenleben ermöglicht Beobachtungen und Erfahrungen, die weit über gewöhnliches Hundetraining hinausgehen. Aus all diesen Gründen bezeichnet Katrin sich heute als KynoCoach – jemand, der nicht nur trainiert, sondern Beziehungen gestaltet, Verständigung ermöglicht und Mensch wie Hund auf ihrem gemeinsamen Weg begleitet.

Erfahre mehr über Katrin und ihre Arbeit auf ihren Social Media Kanälen auf Facebook **@Aus dem Leben der Hundemeute von Katrin Scholz** und auf Instagram **@hundeforscherin**

K.S.I. Hundetherapie- und Trainingszentrum
Felsenstr. 6
35305 Grünberg / Hessen
info@hundeforscherin.de

REGISTER

K

L

M

N

P

S

T

U

V

W

Z

BILDNACHWEIS

244 Farbfotos wurden von Anna Auerbach/Kosmos für dieses Buch aufgenommen. Weitere Farbfotos von Katrin Scholz/privat (33: S. 8, 9, 10, 11,12, 22, 23, 190 bis 203), Kim Haßlbauer (1: S. 100), Carina Schimmel (2: S. 170, 171), Tom Stocker (1: S. 101), Natalie Weickhmann (2: S. 184, 185) und Jessica Perk (1: S. 117).

IMPRESSUM

Umschlaggestaltung von GRAMISCI Editorialdesign München, Stefanie Wawer unter Verwendung von zwei Farbfotos von Anna Auerbach/Kosmos.

Mit 284 Farbfotos.

Alle Angaben in diesem Buch erfolgen nach bestem Wissen und Gewissen. Sorgfalt bei der Umsetzung ist indes dennoch geboten. Der Verlag und die Autorin übernehmen keinerlei Haftung für Personen-, Sach- oder Vermögensschäden, die aus der Anwendung der vorgestellten Materialien, Methoden oder Informationen entstehen könnten.

Gedruckt auf chlorfrei gebleichtem Papier

ISBN 978-3-440-18025-9
Redaktion: Hilke Heinemann
Gestaltungskonzept: Peter Schmidt Group GmbH, Hamburg
Gestaltung und Satz: Atelier Krohmer, Dettingen/Erms
Produktion: Angela List
Druck und Bindung: Westermann Druck Zwickau GmbH, Zwickau
Printed in Germany / Imprimé en Allemagne

FSC
www.fsc.org
MIX
Papier | Fördert gute Waldnutzung
FSC® C110508